AF391564

APPLICATION

DE

LA NOUVELLE ANALYSE

AUX

SURFACES DU SECOND ORDRE.

PARIS. — IMPRIMERIE DE MALLET-BACHELIER,
rue de Seine-Saint-Germain, 10, près l'Institut.

APPLICATION

DE

LA NOUVELLE ANALYSE

AUX

SURFACES DU SECOND ORDRE,

Par L. PAINVIN,

DOCTEUR EN SCIENCES MATHÉMATIQUES, AGRÉGÉ DE L'UNIVERSITÉ,
PROFESSEUR DE MATHÉMATIQUES SPÉCIALES AU LYCÉE IMPÉRIAL DE DOUAI

PARIS,

MALLET-BACHELIER, IMPRIMEUR-LIBRAIRE

DU BUREAU DES LONGITUDES, DE L'ÉCOLE IMPÉRIALE POLYTECHNIQUE,

Quai des Grands-Augustins, 55.

1861

PRÉFACE.

La théorie des invariants et des covariants constitue une branche d'analyse tout à fait nouvelle dont les principes ont été posés et développés par MM. Cayley, Sylvester, Hermite, etc.; et c'est à juste titre que cette théorie occupe une si grande place dans l'étude des mathématiques, car les invariants et les covariants, d'après leur nature même, caractérisent des propriétés essentielles dans les fonctions auxquelles ils appartiennent. D'ailleurs, lorsque l'analyse est convenablement dirigée, ces expressions s'offrent d'elles-mêmes au calculateur; tous ses efforts doivent tendre à leur conserver le rôle que réclame leur importance.

Dans les fonctions homogènes du second degré à trois et quatre variables, les invariants et les covariants se présentent presque toujours sous forme de déterminants; de là résulte un avantage immense de l'introduction du calcul algorithmique des déterminants dans l'étude des lignes et des surfaces du second ordre. On peut alors aborder leur discussion, la recherche de leurs propriétés, en conservant à l'équation et à la direction des axes toute leur généralité, et les calculs y gagnent en symétrie et en simplicité. L'ouvrage que je publie est destiné à confirmer la vérité des réflexions qui viennent d'être émises.

Mon intention n'a pas été de faire un traité complet des surfaces du second ordre, de relater toutes les nombreuses propriétés qu'elles présentent. J'ai dû me borner à l'exposition de celles des formules principales qui peuvent être le plus souvent utiles dans la recherche de ces propriétés.

Les deux premiers chapitres sont employés à *la discussion* des surfaces. Désirant qu'on pût facilement contrôler les résultats qui résument ces discussions, j'ai dû, au risque d'être long, entrer dans les détails de toutes les hypothèses, afin de permettre au lecteur de suivre sans fatigue les phases diverses de cette analyse.

Les chapitres suivants sont consacrés à quelques *théories générales* qui dominent l'étude des surfaces du second ordre, et les résultats, grâce à l'intervention des déterminants, ont pû être présentés sous une forme à la fois symétrique et mnémonique.

L. PAINVIN.

TABLE DES MATIÈRES.

Pages.

INTRODUCTION 1

CHAPITRE PREMIER. — DISCUSSION DES SURFACES DU SECOND ORDRE.

§ I. — Relations d'identité 5

§ II. — Discussion 12

    Résumés 31

    Surfaces de révolution 35

CHAPITRE II. — INTERSECTION D'UNE DROITE ET D'UN PLAN AVEC UNE SURFACE DU SECOND ORDRE ; POINT INTÉRIEUR.

§ I. — Intersection d'une droite avec une surface du second ordre. 40

    Résumé 49

§ II. — Conditions pour qu'un point soit intérieur à une surface du second ordre 51

    Résumé 61

§ III. — Intersection d'un plan avec une surface du second ordre . . . 62

    Résumés 79

CHAPITRE III. — CÔNES ET CYLINDRES.

§ I. — Conditions pour qu'une équation de degré quelconque représente une surface conique ou une surface cylindrique. 81

§ II. — Cônes et cylindres du second degré passant par deux coniques situées sur une surface du second degré 94

§ III. — Équations générales des cônes et cylindres circonscrits à une surface du second ordre 106

CHAPITRE IV. — PROPRIÉTÉS DES SURFACES DU SECOND ORDRE.

Pages.

§ I. — Centre ; plans conjugués ; polaires réciproques ; génératrices
rectilignes... 115

1°. Centre... 115
2°. Plans conjugués.................................. 118
3°. Génératrices rectilignes.......................... 120

§ II. — Polaires réciproques............................. 123

§ III. — Équation aux axes ; sections circulaires.......... 127

1°. Équation aux axes................................ 127
2°. Sections circulaires.............................. 131

CHAPITRE V. — APPLICATIONS.

§ I. — Polaires réciproques de deux surfaces du second degré qui
se coupent suivant deux courbes planes............... 136

§ II. — Equation des cônes circonscrits à deux surfaces du second
degré... 143

§ III. — Équation générale des surfaces réglées circonscrites à deux
surfaces du second degré............................ 153

§ IV. — Propriétés des tétraèdres conjugués............... 156

1°. Surfaces à centre................................ 157
2°. Surfaces dénuées de centre....................... 162

§ V. — Relations entre les diamètres conjugués d'une surface du
second ordre.. 165

APPLICATION

DE

LA NOUVELLE ANALYSE

AUX

SURFACES DU SECOND ORDRE.

INTRODUCTION.

1. Les coordonnées d'un point de l'espace seront représentées par $\dfrac{x}{x_1}, \dfrac{x_2}{x_1}, \dfrac{x}{x}$. Cette notation, qui offre de nombreux avantages, donne à l'équation des surfaces du second ordre la forme suivante d'une fonction quadratique homogène :

$$\varphi = \left\{ \begin{aligned} & a_{11} x_1^2 + a_{22} x_2^2 + a_{33} x_3^2 + a_{44} x_4^2 + 2 a_{12} x_1 x_2 \\ & \quad + 2 a_{13} x_1 x_3 + 2 a_{14} x_1 x_4 + 2 a_{23} x_2 x_3 \\ & \quad + 2 a_{24} x_2 x_4 + 2 a_{34} x_3 x_4 \end{aligned} \right\} = 0 \; (*),$$

équation qu'on peut écrire symboliquement

$$\varphi = \sum a_{p,q}\, x_p\, x_q = 0,$$

(*) J'ai supprimé la virgule qu'on place ordinairement entre les deux indices de chaque lettre; il n'en résultera, dans le cas actuel, aucune obscurité, et la lecture en sera plus facile.

en donnant à p et q simultanément les valeurs 1, 2, 3, 4.
et en posant

$$a_{p,q} = a_{q,p}.$$

Il résulte de cette égalité que les rectangles des variables auront 2 pour coefficient.

2. Le principe suivant sera d'une application fréquente :

Soient X_1, X_2, X_3, *trois fonctions linéaires des coordonnées* $\frac{x_1}{x_4}$, $\frac{x_2}{x_4}$, $\frac{x_3}{x_4}$, *d'un certain point* M, *par rapport aux axes* Ox_1, Ox_2, Ox_3 ; *si l'on prend pour nouveaux axes* O_1y_1, O_1y_2, O_1y_3, *les intersections des trois plans* $X_1 = o$, $X_2 = o$, $X_3 = o$, *qu'on suppose se couper en un seul point, les fonctions* X_1, X_2, X_3 *seront proportionnelles respectivement aux nouvelles coordonnées* y_1, y_2, y_3 *du même point* M.

La démonstration de ce théorème se déduit immédiatement des formules de transformation des coordonnées.

3. Je rappellerai encore quelques notions relatives aux déterminants.

Si P représente un déterminant dont les éléments sont $a_{r,s}$, la notation $\frac{dP}{da_{r,s}}$ désignera un déterminant déduit du déterminant P, en supprimant la $r^{\text{ème}}$ ligne et la $s^{\text{ème}}$ colonne ; mais, en outre, $\frac{dP}{da_{r,s}}$ sera la dérivée, par rapport à $a_{r,s}$, du déterminant P, pourvu qu'on affecte le *déterminant déduit et non développé* du signe *plus* ou du signe *moins*, suivant que les nombres r et s sont de même parité ou de *parité différente*.

De même $\frac{d^2P}{da_{r,s}\,da_{r_1,s_1}}$ désignera un déterminant, déduit du déterminant P, en supprimant d'abord la $r^{\text{ème}}$ ligne et

la $s^{ième}$ colonne, puis la $r_1^{ième}$ ligne et la $s_1^{ième}$ colonne;
mais, en outre, $\dfrac{d^2 P}{da_{r,s}\, da_{r_1,s_1}}$ sera la dérivée seconde du
déterminant P, par rapport aux éléments $a_{r,s}$, a_{r_1,s_1},
pourvu qu'on affecte le déterminant *déduit* et *non déve-loppé* d'un signe convenable. Ce signe se déterminera
d'après la règle que je vais énoncer :

« D'abord le couple (r, s) fournira le signe $+$ ou $-$,
» suivant sa *parité* ou son *imparité*.

» On combinera ensuite ce premier signe, d'après la
» règle usitée des signes, avec celui que fournira le cou-
» ple (r_1, s_1) : ce second signe étant déterminé de la ma-
» nière suivante :

» 1°. Si $\begin{Bmatrix} r_1 > r \\ s_1 > s \end{Bmatrix}$ ou $\begin{Bmatrix} r_1 < r \\ s_1 < s \end{Bmatrix}$, on prendra le signe $+$
» ou le signe $-$, suivant que r_1 et s_1 seront de *même*
» *parité* ou de *parité différente*;

» 2°. Si $\begin{Bmatrix} r_1 > r \\ s_1 < s \end{Bmatrix}$ ou $\begin{Bmatrix} r_1 < r \\ s_1 > s \end{Bmatrix}$, on prendra le signe $-$
» ou le signe $+$, suivant que r_1 et s_1 seront de *même*
» *parité* ou de *parité différente*. »

Cette règle se légitimera facilement par les considérations suivantes : $\dfrac{dP}{da_{r,s}}$ représente un déterminant obtenu
en supprimant la $r^{ième}$ ligne et la $s^{ième}$ colonne, affecté
du signe $+$ ou $-$, suivant la *parité* ou l'*imparité* du
couple (r, s). Pour obtenir $\dfrac{d^2 P}{da_{r,s}\, da_{r_1,s_1}}$, il faudra, dans ce
dernier déterminant, supprimer la $r_1^{ième}$ ligne et la $s_1^{ième}$
colonne; mais pour connaître le *signe* de ce résultat, il
sera nécessaire de ramener le déterminant susdit au *type
normal*, c'est-à-dire *diminuer de un* tous les *premiers
indices* dans les lignes qui suivent la $r^{ième}$ ligne, ainsi que
tous les *seconds indices* dans les colonnes qui suivent la

$s^{ième}$ colonne. Ce qui conduit immédiatement à la règle que je viens d'énoncer.

Le *type normal* est celui où les indices se suivent dans leur ordre naturel et sans discontinuité.

Il ne faut pas oublier que les signes des différents termes d'un déterminant dépendent du signe du produit des termes de la diagonale qui part du sommet supérieur à gauche du carré, et auquel, suivant l'usage, j'affecterai toujours le signe *plus*.

J'ai insisté sur toutes ces conventions, parce que le signe de ces quantités joue, dans les questions que je vais traiter, un rôle très-important ; et il est nécessaire d'éviter toute espèce de confusion.

CHAPITRE PREMIER.

DISCUSSION DES SURFACES DU SECOND ORDRE.

§ 1. — *Relations d'identité.*

4. Avant d'aborder la discussion, j'écrirai les développements de plusieurs expressions et certaines relations d'identité, qui se présenteront fréquemment dans les calculs suivants ; j'ai pensé qu'il était utile de réunir toutes ces formules dans un même paragraphe. La plupart de ces relations sont une conséquence immédiate de la formule bien connue

$$P \frac{d^2 P}{da_{rs}\, da_{r's'}} = \frac{dP}{da_{rs'}}\, \frac{dP}{da_{r's}} - \frac{dP}{da_{rs}}\, \frac{dP}{da_{r's'}} \quad (^*)$$

Depuis longtemps M. Terquem était arrivé à ces résultats par une voie différente ; et c'est à un travail sur ce sujet, qu'il a eu l'obligeance de me communiquer, que j'ai emprunté les principales formules relatées dans ce paragraphe.

Je désignerai par Δ le *discriminant* de la fonction φ, de sorte que

$$(1) \qquad \Delta = \begin{vmatrix} a_{11} & a_{12} & a_{13} & a_{14} \\ a_{21} & a_{22} & a_{23} & a_{24} \\ a_{31} & a_{32} & a_{33} & a_{34} \\ a_{41} & a_{42} & a_{43} & a_{44} \end{vmatrix}$$

ce déterminant, dans lequel

$$a_{rs} = a_{sr}$$

est en même temps le déterminant *Hessien* de la fonction φ (**)

(*) Baltzer, *Théorie des déterminants*, p. [illegible]

(**) Déterminant introduit par Otto Hesse $\dfrac{d^2\varphi}{da_r da_s}$

On trouve, en développant.

$$\Delta = \begin{cases} a_{11}a_{22}a_{33}a_{44} + a_{12}^2 a_{34}^2 + a_{23}^2 a_{14}^2 + a_{13}^2 a_{24}^2 \\[4pt] - a_{11}a_{22}a_{34}^2 - a_{11}a_{33}a_{24}^2 - a_{11}a_{44}a_{23}^2 \\[4pt] - a_{22}a_{33}a_{14}^2 - a_{22}a_{44}a_{13}^2 - a_{33}a_{44}a_{12}^2 \\[4pt] - 2\left(a_{11}a_{23}a_{34}a_{42} + a_{12}a_{13}a_{24}a_{42} + a_{13}a_{14}a_{23}a_{41} \right) \\[4pt] + 2\left(\begin{array}{l} a_{11}a_{23}a_{34}a_{42} + a_{22}a_{13}a_{34}a_{41} + a_{33}a_{12}a_{24}a_{41} \\[2pt] \quad + a_{44}a_{12}a_{23}a_{31} \end{array} \right). \end{cases}$$

5. Il est important de remarquer que de l'égalité

$$a_{r,s} = a_{s,r},$$

il résulte

$$\frac{d\Delta}{da_{r,s}} = \frac{d\Delta}{da_{s,r}}.$$

Par suite, l'expression $\dfrac{d\Delta}{da_{r,s}}$ ne représente plus la dérivée effective de Δ.

Cependant, afin de conserver aux formules que je vais écrire un rapport plus intime avec les formules générales qui appartiennent à la théorie des déterminants, les $\dfrac{d\Delta}{da_{r,s}}$ nous représenteront toujours le déterminant déduit, en supprimant la $r^{\text{ème}}$ ligne et la $s^{\text{ème}}$ colonne et affecté du signe convenable. Il en sera de même pour les $\dfrac{d^2\Delta}{da_{r,s}\,da_{r',s'}}$.

D'ailleurs, lorsqu'on voudra passer aux dérivées effectives du premier ordre, il suffira de se rappeler la relation évidente

$$\frac{d_e\Delta}{da_{r,s}} = 2\,\frac{d\Delta}{da_{r,s}},$$

la caractéristique d désignant une dérivée effective.

6. Je donnerai, en premier lieu, les dérivées premières de Δ et plusieurs des dérivées secondes.

Dérivées premières.

$$
(2)\quad
\begin{cases}
\dfrac{d\Delta}{da_{11}} = \delta_{11} = + \begin{vmatrix} a_{22} & a_{23} & a_{24} \\ a_{32} & a_{33} & a_{34} \\ a_{42} & a_{43} & a_{44} \end{vmatrix} = a_{22}\, a_{33}\, a_{44} - a_{22}\, a_{34}^2 - a_{33}\, a_{42}^2 - a_{44}\, a_{23}^2 + 2 a_{34}\, a_{42}\, a_{23}, \\[2ex]
\dfrac{d\Delta}{da_{22}} = \delta_{22} = + \begin{vmatrix} a_{11} & a_{13} & a_{14} \\ a_{31} & a_{33} & a_{34} \\ a_{41} & a_{43} & a_{44} \end{vmatrix} = a_{11}\, a_{33}\, a_{44} - a_{11}\, a_{34}^2 - a_{33}\, a_{41}^2 - a_{44}\, a_{13}^2 + 2 a_{34}\, a_{41}\, a_{13}, \\[2ex]
\dfrac{d\Delta}{da_{33}} = \delta_{33} = + \begin{vmatrix} a_{11} & a_{12} & a_{14} \\ a_{21} & a_{22} & a_{24} \\ a_{41} & a_{42} & a_{44} \end{vmatrix} = a_{11}\, a_{22}\, a_{44} - a_{11}\, a_{24}^2 - a_{22}\, a_{41}^2 - a_{44}\, a_{12}^2 + 2 a_{24}\, a_{41}\, a_{12}. \\[2ex]
\dfrac{d\Delta}{da_{44}} = \delta_{44} = + \begin{vmatrix} a_{11} & a_{12} & a_{13} \\ a_{21} & a_{22} & a_{23} \\ a_{31} & a_{32} & a_{33} \end{vmatrix} = a_{11}\, a_{22}\, a_{33} - a_{11}\, a_{23}^2 - a_{22}\, a_{31}^2 - a_{33}\, a_{12}^2 + 2 a_{23}\, a_{31}\, a_{12}.
\end{cases}
$$

$$(3) \left\{ \begin{aligned}
\frac{d\Delta}{da_{12}} &= \frac{d\Delta}{da_{21}} = \delta_1 = - \begin{vmatrix} a_{12} & a_{13} & a_{14} \\ a_{32} & a_{33} & a_{34} \\ a_{42} & a_{43} & a_{44} \end{vmatrix} = \left\{ \begin{aligned} &- a_2 a_{33} a_{44} + a_2 a_{34}^2 - a_3 a_{24} a_4 \\ &+ a_{23} a_3 a_{44} - a_{24} a_3 a_4 + a_2 a_4 a_{43} \end{aligned} \right. \\[2mm]
\frac{d\Delta}{da_{13}} &= \frac{d\Delta}{da_{31}} = \delta_2 = + \begin{vmatrix} a_{21} & a_{22} & a_{24} \\ a_3 & a_{32} & a_{34} \\ a_{41} & a_{42} & a_{44} \end{vmatrix} = \left\{ \begin{aligned} &- a_{21} a_{32} a_{44} + a_3 a_{34}^2 - a_3 a_{24} a_4 \\ &+ a_{22} a_{34} a_{41} - a_2 a_3 a_{42} + a_2 a_4 a_4 \end{aligned} \right. \\[2mm]
\frac{d\Delta}{da_{14}} &= \frac{d\Delta}{da_{41}} = \delta_3 = - \begin{vmatrix} a_{21} & a_{22} & a_{23} \\ a_3 & a_{32} & a_{33} \\ a_{42} & a_{43} & a_{44} \end{vmatrix} = \left\{ \begin{aligned} &- a_{21} a_{32} a_4 + a_3 a_{23}^2 - a_3 a_4 a_{42} \\ &+ a_{24} a_2 a_4 - a_2 a_3 a_4 - a_3 a_4 a_4 \end{aligned} \right. \\[2mm]
\frac{d\Delta}{da_{23}} &= \frac{d\Delta}{da_{32}} = \delta_4 = - \begin{vmatrix} a_{11} & a_{12} & a_{14} \\ a_{31} & a_{32} & a_{34} \\ a_{41} & a_{42} & a_{44} \end{vmatrix} = \left\{ \begin{aligned} &- a_{33} a_{14} a_{44} + a_3 a_{34}^2 - a_3 a_{14} a_4 \\ &+ a_3 a_{34} a_{41} - a_{31} a_3 a_4 - a_3 a_4 a_4 \end{aligned} \right. \\[2mm]
\frac{d\Delta}{da_{24}} &= \frac{d\Delta}{da_{42}} = \delta_5 = + \begin{vmatrix} a_{11} & a_{12} & a_{13} \\ a_{31} & a_{32} & a_{33} \\ a_4 & a_{42} & a_{43} \end{vmatrix} = \left\{ \begin{aligned} &- a_{31} a_{32} a_4 - a_2 a_{13}^2 - a_3 a_4 a_{43} \\ &+ a_{33} a_4 a_{42} - a_3 a_2 a_4 - c_3 a_4 a_4 \end{aligned} \right. \\[2mm]
\frac{d\Delta}{da_{34}} &= \frac{d\Delta}{da_{43}} = \delta_6 = - \begin{vmatrix} a_{11} & a_{12} & a_{13} \\ a_{21} & a_{22} & a_{23} \\ a_{41} & a_{42} & a_{43} \end{vmatrix} = \left\{ \begin{aligned} &- a_{13} a_{11} a_{22} - a_4 a_{12}^2 - a_4 a_4 a_{23} \\ &+ a_{11} a_{13} a_{23} - a_4 a_4 a_4 - a_4 a_4 a_4 \end{aligned} \right.
\end{aligned} \right.$$

$$\delta_{i,j} = \delta_{j,i}$$

Dérivées secondes.

$$(4)\begin{cases}
\dfrac{d^2\Delta}{da_{11}\,da_{22}} = p_1 = +\begin{vmatrix} a_{33} & a_{34} \\ a_{43} & a_{44} \end{vmatrix} = a_{33}a_{44} - a_{34}^2 \\[2ex]
\dfrac{d^2\Delta}{da_{11}\,da_{33}} = p_2 = +\begin{vmatrix} a_{22} & a_{24} \\ a_{42} & a_{44} \end{vmatrix} = a_{22}a_{44} - a_{24}^2 \\[2ex]
\dfrac{d^2\Delta}{da_{11}\,da_{44}} = p_3 = +\begin{vmatrix} a_{22} & a_{23} \\ a_{32} & a_{33} \end{vmatrix} = a_{22}a_{33} - a_{23}^2 \\[2ex]
\dfrac{d^2\Delta}{da_{22}\,da_{33}} = p_4 = +\begin{vmatrix} a_{11} & a_{14} \\ a_{41} & a_{44} \end{vmatrix} = a_{11}a_{44} - a_{14}^2 \\[2ex]
\dfrac{d^2\Delta}{da_{22}\,da_{44}} = p_5 = +\begin{vmatrix} a_{11} & a_{13} \\ a_{31} & a_{33} \end{vmatrix} = a_{11}a_{33} - a_{13}^2 \\[2ex]
\dfrac{d^2\Delta}{da_{33}\,da_{44}} = p_6 = +\begin{vmatrix} a_{11} & a_{12} \\ a_{21} & a_{22} \end{vmatrix} = a_{11}a_{22} - a_{12}^2
\end{cases}$$

$$p_{rs} = p_{sr}$$

$$(4')\begin{cases}
\dfrac{d^2\Delta}{da_{13}\,da_{24}} = r_1 = -\begin{vmatrix} a_{12} & a_{14} \\ a_{32} & a_{34} \end{vmatrix} = -a_{12}a_{34} + a_{14}a_{32} \\[2ex]
\dfrac{d^2\Delta}{da_{14}\,da_{23}} = r_2 = -\begin{vmatrix} a_{13} & a_{12} \\ a_{43} & a_{42} \end{vmatrix} = -a_{13}a_{42} + a_{12}a_{43} \\[2ex]
\dfrac{d^2\Delta}{da_{12}\,da_{34}} = r_3 = -\begin{vmatrix} a_{13} & a_{14} \\ a_{23} & a_{24} \end{vmatrix} = -a_{13}a_{24} + a_{14}a_{23} \\[2ex]
\dfrac{d^2\Delta}{da_{13}\,da_{24}} = r_4 = +\begin{vmatrix} a_{12} & a_{23} \\ a_{41} & a_{43} \end{vmatrix} = -a_{12}a_{43} + a_{23}a_{41} \\[2ex]
\dfrac{d^2\Delta}{da_{14}\,da_{23}} = r_5 = +\begin{vmatrix} a_{12} & a_{13} \\ a_{41} & a_{43} \end{vmatrix} = -a_{12}a_{43} + a_{13}a_{42} \\[2ex]
\dfrac{d^2\Delta}{da_{12}\,da_{34}} = \begin{vmatrix} a_{13} & a_{14} \\ a_{23} & a_{24} \end{vmatrix} = -a_{13}a_{24} + a_{14}a_{23}
\end{cases}$$

$$(4) \quad \begin{cases}
\dfrac{d^2\Delta}{da_{11}\,da_{34}} = r_{24} = - \begin{vmatrix} a_{22} & a_{23} \\ a_{42} & a_{43} \end{vmatrix} = -a_{42}\,a_{23} + a_{22}\,a_{43}, \\[4mm]
\dfrac{d^2\Delta}{da_{11}\,da_{24}} = r_{44} = + \begin{vmatrix} a_{32} & a_{33} \\ a_{42} & a_{43} \end{vmatrix} = -a_{33}\,a_{42} + a_{32}\,a_{43}, \\[4mm]
\dfrac{d^2\Delta}{da_{11}\,da_{24}} = r_{44} = - \begin{vmatrix} a_{32} & a_{34} \\ a_{42} & a_{44} \end{vmatrix} = -a_{44}\,a_{32} + a_{42}\,a_{34}, \\[4mm]
\dfrac{d^2\Delta}{da_{22}\,da_{44}} = r_{42} = + \begin{vmatrix} a_{31} & a_{34} \\ a_{41} & a_{43} \end{vmatrix} = -a_{33}\,a_{41} + a_{31}\,a_{43}, \\[4mm]
\dfrac{d^2\Delta}{da_{22}\,da_{13}} = r_{42} = - \begin{vmatrix} a_{31} & a_{34} \\ a_{41} & a_{44} \end{vmatrix} = -a_{44}\,a_{31} + a_{41}\,a_{34}, \\[4mm]
\dfrac{d^2\Delta}{da_{33}\,da_{12}} = r_{43} = - \begin{vmatrix} a_{21} & a_{24} \\ a_{41} & a_{44} \end{vmatrix} = -a_{44}\,a_{21} + a_{41}\,a_{24}.
\end{cases}$$

7. Passons maintenant aux relations d'identité :

$$(5) \quad \begin{cases}
\Delta p_{34} = \partial_{33}\,\partial_{44} - \partial_{34}^2, \\[2mm]
\Delta p_{24} = \partial_{22}\,\partial_{44} - \partial_{24}^2, \\[2mm]
\Delta p_{14} = \partial_{11}\,\partial_{44} - \partial_{14}^2, \\[2mm]
\Delta p_{23} = \partial_{22}\,\partial_{33} - \partial_{23}^2, \\[2mm]
\Delta p_{13} = \partial_{11}\,\partial_{33} - \partial_{13}^2, \\[2mm]
\Delta p_{12} = \partial_{11}\,\partial_{22} - \partial_{12}^2.
\end{cases}$$

$$(6) \quad \begin{cases}
\Delta r_{34} = \partial_{44}\,\partial_{12} - \partial_{24}\,\partial_{14}, \\[2mm]
\Delta r_{24} = \partial_{44}\,\partial_{13} - \partial_{34}\,\partial_{14}, \\[2mm]
\Delta r_{14} = \partial_{44}\,\partial_{23} - \partial_{34}\,\partial_{24}. \\[2mm]
\Delta r_{43} = \partial_{33}\,\partial_{12} - \partial_{23}\,\partial_{13}, \\[2mm]
\Delta r_{23} = \partial_{33}\,\partial_{14} - \partial_{34}\,\partial_{13}, \\[2mm]
\Delta r_{13} = \partial_{33}\,\partial_{24} - \partial_{34}\,\partial_{23}. \\[2mm]
\Delta r_{42} = \partial_{22}\,\partial_{13} - \partial_{23}\,\partial_{12}, \\[2mm]
\Delta r_{32} = \partial_{22}\,\partial_{14} - \partial_{24}\,\partial_{12}, \\[2mm]
\Delta r_{12} = \partial_{22}\,\partial_{34} - \partial_{24}\,\partial_{23}. \\[2mm]
\Delta r_{41} = \partial_{11}\,\partial_{23} - \partial_{13}\,\partial_{12}, \\[2mm]
\Delta r_{31} = \partial_{11}\,\partial_{24} - \partial_{14}\,\partial_{12}, \\[2mm]
\Delta r_{21} = \partial_{11}\,\partial_{34} - \partial_{14}\,\partial_{13}.
\end{cases}$$

$$(7)\quad\begin{cases}
\partial_{14}\,a_{11} = p_{13}p_{14} - r^2_{1..}, & \partial_{13}\,a_{14} = p_{13}p_{34} - r^2_{24},\\[2pt]
\partial_{13}\,a_{13} = p_{14}p_{14} - r^2_{1.3}, & \partial_{12}\,a_{22} = p_{13}p_{34} - r^2_{23},\\[2pt]
\partial_{12}\,a_{13} = p_{13}p_{24} - r^2_{12}, & \partial_{11}\,a_{12} = p_{13}p_{14} - r^2_{21},\\[2pt]
\partial_{11}\,a_{23} = p_{14}p_{23} - r^2_{34}, & \partial_{14}\,a_{11} = p_{14}p_{23} - r^2_{43},\\[2pt]
\partial_{22}\,a_{13} = p_{12}p_{24} - r^2_{32}, & \partial_{22}\,a_{11} = p_{12}p_{23} - r^2_{42},\\[2pt]
\partial_{11}\,a_{13} = p_{12}p_{13} - r^2_{.1}, & \partial_{11}\,a_{14} = p_{12}p_{13} - r^2_{41}.
\end{cases}$$

$$(8)\quad\begin{cases}
\partial_{14}\,a_{12} = r_{13}r_{23} - r_{12}p_{34}, & \partial_{13}\,a_{12} = r_{13}r_{23} - r_{13}p_{34},\\[2pt]
\partial_{14}\,a_{13} = r_{13}r_{23} - r_{23}p_{24}, & \partial_{13}\,a_{14} = r_{13}r_{13} - r_{23}p_{23},\\[2pt]
\partial_{13}\,a_{13} = r_{13}r_{23} - r_{14}p_{24}, & \partial_{13}\,a_{21} = r_{13}r_{23} - r_{13}p_{14},\\[2pt]
\partial_{22}\,a_{13} = r_{12}r_{23} - r_{13}p_{34}, & \partial_{11}\,a_{23} = r_{23}r_{31} - r_{31}p_{14},\\[2pt]
\partial_{23}\,a_{13} = r_{13}r_{13} - r_{12}p_{23}, & \partial_{11}\,a_{24} = r_{21}r_{31} - r_{14}p_{13},\\[2pt]
\partial_{13}\,a_{13} = r_{13}r_{13} - r_{13}p_{12}, & \partial_{11}\,a_{24} = r_{31}r_{31} - r_{21}p_{12}.
\end{cases}$$

$$(9)\quad\begin{cases}
\partial_{14}\,a_{11} = r_{13}r_{13} + r_{12}p_{14}, & \partial_{13}\,a_{12} = r_{23}r_{23} + r_{21}p_{34},\\[2pt]
\partial_{23}\,a_{11} = r_{13}r_{12} + r_{13}p_{23}, & \partial_{14}\,a_{22} = r_{23}r_{21} + r_{23}p_{14},\\[2pt]
\partial_{23}\,a_{13} = r_{13}r_{12} + r_{14}p_{23}, & \partial_{11}\,a_{22} = r_{23}r_{21} + r_{31}p_{13},\\[2pt]
\partial_{23}\,a_{11} = r_{12}r_{13} + r_{14}p_{23}, & \partial_{23}\,a_{11} = r_{13}r_{12} + r_{14}p_{23},\\[2pt]
\partial_{13}\,a_{11} = r_{12}r_{13} + r_{12}p_{14}, & \partial_{13}\,a_{14} = r_{13}r_{13} + r_{12}p_{13},\\[2pt]
\partial_{13}\,a_{11} = r_{13}r_{13} + r_{14}p_{23}, & \partial_{12}\,a_{13} = r_{12}r_{13} + r_{13}p_{14}.
\end{cases}$$

$$(10)\quad\begin{cases}
a^2_{11}\,\Delta = p_{22}p_{33}p_{44} - p_{22}r^2_{14} - p_{33}r^2_{13} - p_{23}r^2_{14} - 2\,r_{12}r_{13}r_{14},\\[2pt]
a^2_{22}\,\Delta = p_{11}p_{33}p_{44} - p_{33}r^2_{24} - p_{44}r^2_{23} - p_{34}r^2_{24} - 2\,r_{23}r_{24}r_{34},\\[2pt]
a^2_{33}\,\Delta = p_{11}p_{22}p_{44} - p_{22}r^2_{34} - p_{44}r^2_{13} - p_{14}r^2_{34} - 2\,r_{31}r_{32}r_{34},\\[2pt]
a^2_{44}\,\Delta = p_{11}p_{22}p_{33} - p_{33}r^2_{14} - p_{11}r^2_{12} - p_{12}r^2_{14} - 2\,r_{41}r_{42}r_{43}.
\end{cases}$$

On pourrait encore établir d'autres relations analogues
à celles que je viens de signaler ; mais celles-ci nous suf-
fisent pour l'étude que j'ai en vue ; elles sont même sur-
abondantes. Cependant j'ai cru devoir les donner, parce
qu'elles peuvent être d'un grand secours dans d'autres
recherches sur les surfaces du second ordre.

§ II. — *Discussion.*

8. Soit l'équation générale des surfaces du second ordre

$$
\text{(I)}\quad \left\{ \begin{array}{l} a_{11}x_1^2 + a_{22}x_2^2 + a_{33}x_3^2 + a_{44}x_4^2 + 2a_{12}x_1x_2 + 2a_{13}x_1x_3 \\ \qquad + 2a_{14}x_1x_4 + 2a_{23}x_2x_3 + 2a_{24}x_2x_4 + 2a_{34}x_3x_4 \end{array} \right\} = 0.
$$

J'admets d'abord que cette équation renferme le carré d'une au moins des variables x_1, x_2, x_3, de x_1^2, par exemple, et qu'on ait rendu positif le coefficient a_{11} du carré restant; c'est cette lettre qu'on devra placer au sommet de gauche du discriminant Δ.

Puisque a_{11} n'est pas nul, on peut ordonner l'équation (I) par rapport à la variable x_1, et la mettre sous la forme suivante :

$$
\left. \begin{array}{l} (a_{11}x_1 + a_{12}x_2 + a_{13}x_3 + a_{14}x_4)^2 + (a_{11}a_{22} - a_{12}^2)x_2^2 \\ \qquad + (a_{11}a_{33} - a_{13}^2)x_3^2 + (a_{11}a_{44} - a_{14}^2)x_4^2 \\ \qquad + 2(a_{11}a_{23} - a_{12}a_{13})x_2x_3 + 2(a_{11}a_{24} - a_{12}a_{14})x_2x_4 \\ \qquad + 2(a_{11}a_{34} - a_{13}a_{14})x_3x_4 \end{array} \right\} = 0,
$$

ou

$$
\text{(II)}\quad \left\{ \begin{array}{l} X_1^2 + p_{33}x_2^2 + p_{22}x_3^2 + p_{11}x_4^2 - 2r_{11}x_2x_3 - 2r_{13}x_2x_4 \\ \qquad - 2r_{12}x_3x_4 = 0, \end{array} \right.
$$

en ayant égard aux formules (4) et en posant

$$
X_1 = a_{11}x_1 + a_{12}x_2 + a_{13}x_3 + a_{14}x_4.
$$

Les hypothèses distinctes qu'il faudra faire pour examiner complètement tous les cas possibles sont au nombre de quatre : nous allons les parcourir successivement.

Première hypothèse.

Le déterminant p_{11}, *ou* $\frac{d^2\Delta}{da_{11}\,da_{44}}$, *est différent de zéro.*

9. On pourra alors continuer la décomposition en ou

donnant par rapport à la variable x_2, ce qui donnera

$$X_1^2 + p_{11} X_1 + \frac{p_{22} p_{33} - r_{23}^2}{p_{22}} x_3^2 - 2 \frac{p_{22} r_{13} + r_{23} r_{12}}{p_{22}} x_1 x_3$$

$$+ \frac{p_{11} p_{22} - r_{12}^2}{p_{22}} x_1^2 = 0,$$

après avoir posé (*voir* les formules 4)

$$\frac{d^2\Delta}{da_{22}\, da_{22}} X_2 = \frac{d^2\Delta}{da_{12}\, da_{22}} x_3 - \frac{d^2\Delta}{da_{23}\, da_{22}} x_1 - \frac{d^2\Delta}{da_{22}\, da_{22}} x_3$$

ou, en faisant usage des relations (7) et (9).

$$\text{III)} \left\{ X_1^2 + p_{11} X_1 + \frac{a_{11}\, \delta_{11}}{p_{11}} x_3^2 - 2 \frac{a_{11}\, \delta_{11}}{p_{11}} x_1 x_3 + \frac{a_{11}\, \delta_{11}}{p_{11}} x_1^2 = 0. \right.$$

Le déterminant δ_{11} ou $\frac{d\Delta}{da_{11}}$ est un *invariant* : cette expression jouit de la propriété caractéristique de se reproduire, quelle que soit la transformation de coordonnées *uni-modulaire* que l'on fasse subir à l'équation (1).

10. Supposons que l'invariant $\frac{d\Delta}{da_{11}}$ soit différent de zéro, on pourra encore continuer la décomposition par rapport à la variable x_1, et l'on obtiendra

$$X^2 + p_{11} X_2 + \frac{a_{11}\, \delta_{11}}{p_{11}} X_1 + \frac{a_{11}\, \delta_{11} - \delta_{11}^2}{p_{11}} \cdot \frac{1}{\delta_{11}} x_1^2 = 0,$$

après avoir posé (*voir* les formules 2)

$$\frac{d\Delta}{da_{11}} X_1 = \frac{d\Delta}{da_{11}} x_3 - \frac{d\Delta}{da_{11}} x_1.$$

Si enfin l'on a égard à la première des relations (5), on sera conduit à la forme définitive

$$\text{IV)} \quad X_1^2 + \frac{d\Delta}{da_{11}\, da_{11}} X_2 + \frac{a_{11}\, \frac{d\Delta}{da_{11}}}{\frac{d^2\Delta}{da_{11}\, da_{11}}} X_1^2 + \frac{a_{11}\, \Delta}{\frac{d\Delta}{da_{11}}} x_1^2 = 0$$

On conclura donc, dans l'hypothèse actuelle, que lorsque l'*invariant* $\dfrac{d\Delta}{da_{44}}$ *est différent de zéro, l'équation* (I) *représente des surfaces à centre unique* (théorème n° **2**).

Les coordonnées du centre seront données par les équations

$$X_1 = o, \quad X_2 = o, \quad X_3 = o.$$

Pour discuter l'équation (IV) je distinguerai deux cas.

Premier cas. *L'invariant* $\dfrac{d\Delta}{da_{44}}$ *et le déterminant* $\dfrac{d^2\Delta}{da_{43}\,da_{44}}$ *étant tous deux positifs*, on voit que l'équation (IV) appartient au *genre ellipsoïde*, et que

$$\text{Si} \quad \Delta < o, \quad \text{on a un ellipsoïde réel ;}$$
$$\text{Si} \quad \Delta = o, \quad \text{on a un point ;}$$
$$\text{Si} \quad \Delta > o, \quad \text{on a un ellipsoïde imaginaire.}$$

Second cas. *L'invariant* $\dfrac{d\Delta}{da_{44}}$ *étant différent de zéro et n'étant pas positif en même temps que le déterminant* $\dfrac{d^2\Delta}{da_{43}\,da_{44}}$, *l'équation* (IV) *appartient au genre hyperboloïde.*

Avec $\Delta > o$, on aura à considérer :

$$1°. \qquad \frac{d\Delta}{da_{44}} > o \quad \text{et} \quad \frac{d^2\Delta}{da_{43}\,da_{44}} > o,$$

ce qui donne les alternances de signes

$$+ \quad - \quad - \quad + ;$$

$$2°. \qquad \frac{d\Delta}{da_{44}} < o \quad \text{et} \quad \frac{d^2\Delta}{da_{43}\,da_{44}} > o,$$

ce qui donne les alternances de signes

$$+ \quad + \quad - \quad - ;$$

$3^o.$
$$\frac{d\Delta}{da_{ii}} < 0 \quad \text{et} \quad \frac{d^2\Delta}{da_{ii}\,da_{ii}} < 0,$$

ce qui donne les alternances de signes

$$+ \quad - \quad + \quad -;$$

on reconnaît dans ces différents cas l'hyperboloïde à une nappe.

Avec $\Delta < 0$, on aura à considérer :

$1^o.$
$$\frac{d\Delta}{da_{ii}} > 0 \quad \text{et} \quad \frac{d^2\Delta}{da_{ii}\,da_{ii}} < 0,$$

ce qui donne les alternances de signes

$$+ \quad - \quad - \quad -;$$

$2^o.$
$$\frac{d\Delta}{da_{ii}} < 0 \quad \text{et} \quad \frac{d^2\Delta}{da_{ii}\,da_{ii}} > 0,$$

ce qui donne les alternances de signes

$$+ \quad + \quad - \quad +;$$

$3^o.$
$$\frac{d\Delta}{da_{ii}} < 0 \quad \text{et} \quad \frac{d^2\Delta}{da_{ii}\,da_{ii}} \quad 0,$$

ce qui donne les alternances de signes

$$- \quad - \quad + \quad +;$$

on reconnaît l'hyperboloïde à deux nappes.

Enfin, avec $\Delta = 0$, on aura à considérer

$1^o.$
$$\frac{d\Delta}{da_{ii}} > 0 \quad \text{et} \quad \frac{d^2\Delta}{da_{ii}\,da_{ii}} < 0,$$

ce qui donne les alternances de signes

$$+ \quad - \quad -;$$

$2^{\circ}.$ $\qquad \dfrac{d\Delta}{da_{33}} < 0 \quad$ et $\quad \dfrac{d\Delta}{da_{22}\,da_{33}} > 0,$

ce qui donne les alternances de signes

$$+ \quad + \quad - \;;$$

$3^{\circ}.$ $\qquad \dfrac{d\Delta}{da_{33}} < 0 \quad$ et $\quad \dfrac{d\Delta}{da_{22}\,da_{33}} < 0,$

ce qui donne les alternances de signes

$$+ \quad - \quad + \;;$$

on reconnaît le cône.

Donc, en résumé,

Si $\Delta < 0,$ on a un hyperboloïde à deux nappes;

Si $\Delta = 0,$ on a un cône;

Si $\Delta > 0,$ on a un hyperboloïde à une nappe.

11. Supposons maintenant que l'invariant $\dfrac{d\Delta}{da_{33}}$ soit nul.

Il faut remonter à l'équation (III), et y introduire l'hypothèse $\dfrac{d\Delta}{da_{33}} = \partial_{33} = 0$; elle devient alors

$$(\text{V}) \qquad X_1^2 + p_{33} X_2^2 - 2\,\frac{a_{11}\,\partial_{13}}{p_{11}}\,x_1\,x_3 + \frac{a_{11}\,\partial_{13}}{p_{33}}\,x_3^2 = 0.$$

On conclura donc, dans l'hypothèse actuelle, que lorsque l'invariant $\dfrac{d\Delta}{da_{33}}$ est nul, l'équation (I) représente des surfaces dénuées de centre ou possédant une infinité de centres (n° 2).

Afin de discuter l'équation (V) observons que la première des relations (5) (§ Ier) donne, dans le cas actuel, ce qui montre que Δ et p_{33} sont de signes contraires, et, en outre, que Δ et ∂_{33} s'annulent en même temps, puisqu'on suppose p_{33} différent de zéro.

Je distinguerai encore deux cas.

PREMIER CAS. *L'invariant* $\dfrac{d\Delta}{da_{33}}$ *étant nul, et le discriminant* Δ *différent de zéro, l'équation* (V) *appartient au genre paraboloïde*; et si

$\Delta < 0$, c'est-à-dire $p_{33} > 0$, on a un paraboloïde elliptique;

$\Delta > 0$, c'est-à-dire $p_{33} < 0$, on a un paraboloïde hyperbolique.

SECOND CAS. *L'invariant* $\dfrac{d\Delta}{da_{33}}$ *étant nul ainsi que le discriminant* Δ, *l'équation* (V) *appartient au genre cylindrique.*

On voit, en effet, par la relation (1), que si $\Delta = 0$, on aura $\partial_{33} = 0$, et réciproquement; l'équation (V) prendra donc la forme

$$(\text{VI}) \qquad X^2 + \frac{d^2\Delta}{da\,da}\,X^2 + a\,\frac{\dfrac{d\Delta}{da}}{\dfrac{d^2\Delta}{da\,da}}\,x^2 = 0,$$

et si

$$\frac{d^2\Delta}{da\,da} > 0 \quad \text{avec} \quad \frac{d\Delta}{da} > 0,$$

on aura un cylindre elliptique imaginaire;

$$\text{si} \quad \frac{d^2\Delta}{da\,da} > 0 \quad \text{avec} \quad \frac{d\Delta}{da} < 0,$$

on aura un cylindre elliptique;

$$\text{si} \quad \frac{d^2\Delta}{da\,da} < 0 \quad \text{avec} \quad \frac{d\Delta}{da} > 0,$$

on aura un cylindre hyperbolique;

P 2

$$\text{si} \quad \frac{d^2\Delta}{da_{33}\,da_{11}} > 0 \quad \text{avec} \quad \frac{d\Delta}{da_{13}} = 0,$$

on aura deux plans imaginaires qui se coupent ou une droite ;

$$\text{si} \quad \frac{d^2\Delta}{da_{33}\,da_{11}} < 0 \quad \text{avec} \quad \frac{d\Delta}{da_{13}} = 0,$$

on aura deux plans qui se coupent.

Seconde hypothèse.

Le déterminant p_{33} *ou* $\dfrac{d^2\Delta}{da_{33}\,da_{11}}$ *est nul, et le déterminant* p_{23} *ou* $\dfrac{d^2\Delta}{da_{22}\,da_{11}}$ *est différent de zéro.*

12. Dans cette hypothèse, il faut avoir recours à l'équation (II), qui devient alors :

$$X_1^2 + p_{22}\,x_3^2 + p_{23}\,x_4^2 - 2\,r_{14}\,x_2\,x_3 - 2\,r_{13}\,x_2\,x_4 - 2\,r_{12}\,x_3\,x_4 = 0.$$

Le coefficient p_{23} étant différent de zéro, on pourra ordonner par rapport à la variable x_3 et mettre l'équation sous cette forme

$$X_1^2 + p_{23}\,X_2^2 - \frac{r_{14}^2}{p_{23}}\,x_3^2 + \frac{p_{23}\,p_{23} - r_{12}^2}{p_{23}}\,x_4^2 - 2\,\frac{p_{24}\,r_{14} + r_{12}\,r_{13}}{p_{23}}\,x_3\,x_4 = 0,$$

après avoir posé (*voir* les formules 4)

$$\frac{d^2\Delta}{da_3\,da_{11}}\,X = \frac{d^2\Delta}{da_2\,da_{11}}\,x_2 - \frac{d^2\Delta}{da_3\,da_{11}}\,x_3 - \frac{d^2\Delta}{da_3\,da_{11}}\,x_4;$$

et enfin, en ayant égard aux relations (7) et (9), et y introduisant l'hypothèse $p_{33} = 0$, on trouvera

$$(\text{VII}) \quad X^2 + p_{23}\,X_2^2 - \frac{a_{13}\,\delta_3}{p_{23}}\,x_3^2 + \frac{a_{12}\,\delta_2}{p_{23}}\,x_4^2 + \frac{a_{11}\,\delta_2}{p_{23}}\,x_4^2 = 0$$

13. Supposons que l'invariant δ_{11} soit différent de zéro; on pourra encore continuer la décomposition par rapport à la variable x_2, et on obtiendra

$$X_1^2 + p_{22} X_2^2 + \frac{a_{11}\delta_{11}}{p_{22}} X_3^2 + \frac{a_{11}}{p_{22}} \cdot \frac{\delta_{22}\delta_{11} - \delta_{12}^2}{\delta_{11}} x_3^2 = 0,$$

après avoir posé

$$\frac{d\Delta}{da_{33}} X = \frac{d\Delta}{da_{33}} x_3 + \frac{d\Delta}{da_{23}} x_2 ;$$

ou enfin, en faisant intervenir la seconde des relations (5),

$$\text{(VIII)} \qquad X_1^2 + \frac{d^2\Delta}{da_{22}\,da_{33}} X_2^2 + \frac{a_{11}\frac{d\Delta}{da_{33}}}{\frac{d^2\Delta}{da_{22}\,da_{33}}} X_3^2 + \frac{a_{11}\Delta}{\frac{d\Delta}{da_{33}}} x_3^2 = 0.$$

Or on a supposé p_{22} nul et δ_{11} différent de zéro; la première des relations (7) (§ Ier) donne alors

$$(2) \qquad \delta_{11} a_{11} = -(r_{11})^2 ;$$

d'où il résulte que $\frac{d\Delta}{da_{33}}$ est nécessairement négatif.

Avec $\Delta > 0$, on aura à considérer :

1°.
$$\frac{d\Delta}{da_{33}} < 0 \quad \text{et} \quad \frac{d^2\Delta}{da_{22}\,da_{33}} > 0,$$

ce qui donne les alternances de signes

$$+ \quad + \quad - \quad - ;$$

2°.
$$\frac{d\Delta}{da_{33}} < 0 \quad \text{et} \quad \frac{d^2\Delta}{da_{22}\,da_{33}} < 0,$$

ce qui donne les alternances de signes

$$+ \quad - \quad + \quad - ;$$

on reconnaît l'hyperboloïde à une nappe.

(20)

Avec $\Delta < 0$, on aura à considérer :

1°.
$$\frac{d\Delta}{da_{11}} < 0 \quad \text{et} \quad \frac{d^2\Delta}{da_{22}\,da_{33}} > 0,$$

ce qui donne les alternances de signes

$$+ \quad + \quad - \quad + ;$$

2°.
$$\frac{d\Delta}{da_{11}} < 0 \quad \text{et} \quad \frac{d^2\Delta}{da_{22}\,da_{33}} < 0,$$

ce qui donne les alternances de signes

$$+ \quad - \quad + \quad + ;$$

on reconnaît l'hyperboloïde à deux nappes.

Enfin avec $\Delta = 0$, on aura à considérer :

1°.
$$\frac{d\Delta}{da_{11}} < 0 \quad \text{et} \quad \frac{d^2\Delta}{da_{22}\,da_{33}} > 0,$$

ce qui donne les alternances de signes

$$+ \quad + \quad - ;$$

2°.
$$\frac{d\Delta}{da_{11}} < 0, \quad \text{et} \quad \frac{d^2\Delta}{da_{22}\,da_{33}} < 0,$$

ce qui donne les alternances de signes

$$+ \quad - \quad + ;$$

on reconnaît le cône.

Cette analyse complète le résumé correspondant au second cas de la première hypothèse (10).

14. Supposons maintenant que l'invariant $\dfrac{d\Delta}{da_{11}}$ soit nul. Introduisant cette hypothèse dans l'équation (VII), il vient

$$\text{(IX)} \qquad X^2 + p_2 X_2^2 - 2\frac{a_{11}\delta_{23}}{p_3}x_2 x_3 + \frac{a_{11}\delta_{22}}{p_3}x_3^2 = 0$$

Or la seconde des relations (5) donne, puisque $\partial_{44} = 0$,

$$(3) \qquad \Delta p_{23} = - (\partial_{23})^2,$$

ce qui montre que Δ et p_{23} sont de signes contraires, et, en outre, que Δ et ∂_{23} s'annulent en même temps, puisqu'on suppose p_{23} différent de zéro.

Je distinguerai deux cas.

PREMIER CAS. *Le discriminant Δ est différent de zéro.*

Alors ∂_{23} est différent de zéro, et on voit que si

$\Delta < 0$, c'est-à-dire $p_{23} > 0$, on a un paraboloïde elliptique;

$\Delta > 0$, c'est-à-dire $p_{23} < 0$, on a un paraboloïde hyperbolique.

SECOND CAS. *Le discriminant Δ est nul.*

Alors $\partial_{23} = 0$, et réciproquement. Dans ce cas, l'équation (IX) se réduit à

$$(X) \qquad X_1^2 + \frac{\dfrac{d^2 \Delta}{da_{23}\, da_{11}}}{\,} X_2^2 + \frac{a_{11} \dfrac{d\Delta}{da_2}}{\dfrac{d^2 \Delta}{da_{23}\, da_{11}}} X_4^2 = 0.$$

Or la triple hypothèse $(p_{44} = 0,\ \partial_{44} = 0,\ \partial_{23} = 0)$, introduite dans la première et la seconde des relations (7), donne

$$(4) \qquad r_{14} = 0, \quad \text{et} \quad \partial_{44} a_{11} = - (r_{13})^2 ;$$

puis dans la seconde des relations (9)

$$r\, p_{44} = 0,$$

et, comme p_{23} est différent de zéro, on en conclut $r_{13} = 0$, et par suite

$$(5) \qquad \partial = 0.$$

La distinction des différentes espèces de surfaces ne peut donc plus se fonder sur la considération des déterminants

$$\frac{d\Delta}{da\, da_{..}} \quad \text{et} \quad \frac{d\Delta}{da_{..}}$$

qui sont nuls tous deux; il faut y substituer les déterminants

$$\frac{d^2\Delta}{da_{..}\, da_{..}} \quad \text{et} \quad \frac{d\Delta}{da_{.}}$$

L'équation (X) nous conduira aux conséquences suivantes :

Lorsque

$$\frac{d^2\Delta}{da\, da_{..}} = 0, \quad \frac{d^2\Delta}{da\, da_{..}} = 0, \quad \frac{d\Delta}{da_{..}} = 0 \quad \text{et} \quad \Delta = 0,$$

$$\text{si} \quad \frac{d^2\Delta}{da\, da_{..}} > 0 \quad \text{avec} \quad \frac{d\Delta}{da_{.}} > 0$$

on a un cylindre elliptique imaginaire ;

$$\text{si} \quad \frac{d^2\Delta}{da_{.}\, da_{..}} > 0 \quad \text{avec} \quad \frac{d\Delta}{da_{..}} < 0,$$

on a un cylindre elliptique ;

$$\text{si} \quad \frac{d^2\Delta}{da_{..}\, da_{.}} < 0 \quad \text{avec} \quad \frac{d\Delta}{da} = 0,$$

on a un cylindre hyperbolique ;

$$\text{si} \quad \frac{d^2\Delta}{da_{.}\, da_{.}} > 0 \quad \text{avec} \quad \frac{d\Delta}{da} = 0,$$

on a deux plans imaginaires qui se coupent ;

$$\text{si} \quad \frac{d^2\Delta}{da_{.}\, da_{..}} < 0 \quad \text{avec} \quad \frac{d\Delta}{da} = 0,$$

on a deux plans qui se coupent.

Cette étude complète les résultats établis dans la première hypothèse (1).

Troisième hypothèse.

Les deux déterminants $\dfrac{d^2\Delta}{da\,da}$ et $\dfrac{d^2\Delta}{da\,da}$ sont nuls.

15. L'équation (11), à laquelle il faut maintenant avoir recours, devient

$$X_1^2 + p\,x_1^2 - 2r\,r_2 x - 2r\,x_2\,c - 2r_{12}x_1 x_1 = 0.$$

Or cette dernière équation peut être soumise aux transformations suivantes :

$$X_1^2 - (r\,r_2 + r_{12}x)\left(2x + 2\frac{r_1}{r_{11}}x\right) + \frac{r\,p_{22} + 2r_{12}r_1}{r_{11}}x_1^2 = 0;$$

ou, en posant

$$X = r\,x + r\,x + 2x_3 + 2\frac{r_1}{r_{11}}x_3;$$

$$X = r\,x + r\,x - 2x_2 - 2\frac{r_1}{r_{11}}x_3;$$

$$X_1 \qquad X_1 \qquad X_1^2 + X_2^2 + \frac{r\,p_{22} + 2r_{12}r_1}{r_{11}}x_1^2 = 0.$$

Or en y faisant $p_{33}=0$, $p_{..}=0$, les trois premières des relations (7) (§ 1er) donnent

$$(6) \qquad \begin{cases} \delta\,a = -r_{11}^2; \\ \delta\,a_{11} = -r_1^2; \\ \delta\,a = -r_{12}^2; \end{cases}$$

mais la troisième du groupe (9), c'est-à-dire

$$\delta\,a = -r + r\,p$$

nous conduit à

$$\delta\,a_{11}\,a^2 = -\frac{r_{11}p_{22} + 2r_{12}r\,p_{33}}{a_{11}^2};$$

et comme (relations 5, § 1ᵉʳ)

$$\Delta p_{,,} = \eth_{,,} \eth_{,,} - \eth'^2_{2,3}$$

il en résulte

$$(7) \qquad \Delta = \frac{r_{,,}}{a_{,,}} (r_{,,} p_{,} + 2 r_{,,} r_{,,}).$$

16. Si l'on suppose $\dfrac{d\Delta}{da_{,,}}$ différent de zéro, ce qui, en vertu de la relation

$$\eth_{,,} a_{,,} = - (r_{,,})^2$$

exige que $r_{,,}$ ne soit pas nul, et montre, en même temps, que $\dfrac{d\Delta}{da_{,,}}$ est essentiellement négatif, l'équation (XI) peut s'écrire :

$$(XII) \qquad X_{,} \left(X_{,} + X'_{,} + a_{,,} \frac{\Delta}{\frac{d\Delta}{da_{,,}}} x_{,} \right) = 0 ;$$

par suite, si

$\Delta < o,$ on a un hyperboloïde à deux nappes,

$\Delta = o,$ on a un cône ;

$\Delta > o,$ on a un hyperboloïde à une nappe.

17. Admettons, en second lieu, que l'invariant $\dfrac{d\Delta}{da_{,,}}$ soit nul.

Les trois hypothèses

$$p_{,} = o, \quad p_{,} = o, \quad \eth_{,,} = o,$$

donnent, d'après les relations (5) § 1ᵉʳ,

$$(8) \qquad \eth_{,,} = o, \quad \eth_{2,} = o,$$

puis, d'après la première des relations (7) § 1ᵉʳ,

$$(9) \qquad r_{,,} = o.$$

et enfin d'après la première des relations (10), § Ier,

$$(10) \qquad \Delta = 0$$

D'un autre côté l'équation (II) se réduit à

$$(\text{XIII}) \qquad X_1^2 - 2 r_1 r_2 x_1 - 2 r_{12} r x_1 + p_2 x_1 = 0.$$

C'est un cylindre parabolique.

Ainsi, lorsque

$$\frac{d^2 \Delta}{da_3 \, da_1} = 0, \qquad \frac{d^2 \Delta}{da_2 \, da_1} = 0, \qquad \frac{d \Delta}{da_1} = 0,$$

ce qui entraîne comme conséquence $\Delta = 0$, *l'équation* (I) *représente un cylindre parabolique.*

Ceci suppose que r_{13} et r_{12} ne sont pas nuls en même temps.

Si l'on avait $r_{13} = 0$ et $r_{12} = 0$, ce qui donnerait, d'après les relations (7) § Ier,

$$a_1 = 0, \quad a_2 = 0$$

et réciproquement, l'équation (XIII) deviendrait

$$(\text{XIV}) \qquad X_1^2 + p_2 x_1 = 0,$$

et représenterait deux plans parallèles imaginaires, si

$$\frac{d^2 \Delta}{da_2 \, da_1} > 0;$$

deux plans parallèles, si

$$\frac{d^2 \Delta}{da_2 \, da_1} < 0;$$

deux plans qui se confondent, si

$$\frac{d^2 \Delta}{da_2 \, da_1} = 0.$$

Quatrième hypothèse

L'équation (I) *ne renferme aucun des carrés* x_1^2, x_2^2, x_3^2.

18. Dans ce cas, il faut nécessairement admettre que l'équation proposée renferme au moins un des rectangles x_1x_2, x_1x_3, x_2x_3. Nous conviendrons alors de placer au second rang de la première ligne du discriminant Δ le coefficient a_{12} du rectangle x_1x_2 qu'on suppose exister dans l'équation.

Dans l'hypothèse où nous nous plaçons, l'équation (I) se présente sous la forme

$$\text{(XV)} \quad \begin{aligned} &2a_{12}x_1x_2 + 2a_{13}x_1x_3 + 2a_{14}x_1x_4 + 2a_{23}x_2x_3 \\ &+ 2a_{24}x_2x_4 + 2a_{34}x_3x_4 + a_{44}x_4^2 = 0. \end{aligned}$$

On arrivera encore à la décomposition en carrés, en suivant la méthode indiquée par M. Moutard. On prend les dérivées du premier membre $\varphi(x_1, x_2, x_3, x_4)$ de l'équation ci-dessus par rapport aux variables x_1 et x_2, faisant partie du rectangle qui n'a pas disparu, ce qui donne

$$\frac{1}{2}\frac{d\varphi}{dx_1} = a_{12}x_2 + a_{13}x_3 + a_{14}x_4,$$

$$\frac{1}{2}\frac{d\varphi}{dx_2} = a_{12}x_1 + a_{23}x_3 + a_{24}x_4;$$

puis on remarque que

$$\frac{1}{4}\frac{d\varphi}{dx_1}\frac{d\varphi}{dx_2} = \left\{ \begin{aligned} &a_{12}^2x_1x_2 + a_{12}a_{13}x_1x_3 + a_{12}a_{14}x_1x_4 \\ &+ a_{12}a_{23}x_2x_3 + a_{12}a_{24}x_2x_4 \\ &+ a_{23}a_{13}x_3^2 + a_{13}a_{24}x_3x_4 + a_{14}a_{23}x_3x_4 \\ &+ a_{14}a_{24}x_4^2. \end{aligned} \right\}$$

À cette équation on ajoute l'équation (XV), après avoir

multiplie ses deux membres par $\dfrac{a}{3}$, il vient

$$\frac{1}{4}\,\frac{d_2}{dx_1}\,\frac{d\varphi}{dx_2} - a_1\,a_2\,x + (a_2 a_1 - a_2 a_1 - a_1 a_2)\dots$$

$$+ \frac{a_2\,a_1 - 2\,a_1\,a_3}{2}\,x = 0;$$

d'où l'on conclut, après avoir posé

$$\left\{ \begin{aligned} X_1 &= \frac{1}{2}\left(\frac{d_2}{dx_1} + \frac{d\varphi}{dx_2} \right), \\ X_2 &= \frac{1}{2}\left(\frac{d_2}{dx_2} - \frac{d_2}{dx_1} \right), \end{aligned} \right.$$

$$(\text{XVI})\quad X_1^2 - X_2^2 - 4\,a_1\,a_2\,x + 4\,(a_2 a_1 - a_2 a_1 - a_1 a_2)\dots + 2\,(a_1 a_1 - 2\,a_1 a_3)\,x = 0.$$

19. Supposons, en premier lieu, qu'aucun des coefficients a_{13}, a_{23} ne soit nul; on pourra alors former le carré par rapport à la variable x_3, et on trouvera

$$(\text{XVII})\quad \left\{ \begin{aligned} &X_1^2 - X_2^2 - 4\,a_1\,a_2\,X_3^2 \\ &+ \frac{2\,a_1\,a_2\,(a_2 a_1 - 2\,a_1 a_3) + (a_1 a - a_1 a_1 - a_1 a)^2}{a_1\,a_2}\,x = 0, \end{aligned} \right.$$

en désignant par X_3 la fonction linéaire

$$x - \frac{a_2 a_1 - a_1 a_2 - a_1 a_2}{2\,a_1\,a_2}\,x.$$

Or si, dans les formules (3) et (4) (§ Iᵉʳ), on introduit les hypothèses particulières

$$a_1 = a_2 = a_3 = 0,$$

il vient

$$(11)\quad \left\{ \begin{aligned} p_1 &= -a_{33}^2, \\ \partial_1 &= 2\,a_2\,a_1\,a_1, \\ \partial_2 &= a_1\,(a_2 a_1 - 2\,a_1 a_3), \\ \partial_3 &= a_1\,a_1\,a_1 + a_1\,a_1 - a_2\,a_1. \end{aligned} \right.$$

La première de ces égalités nous montre que $\dfrac{d^2\Delta}{da_{33}\,da_{44}}$ est différent de zéro et négatif ; les autres nous permettent d'écrire ainsi qu'il suit l'équation (XVII) :

$$X_1^2 - X_2^2 - 4\,a_{13}\,a_{23}\,X_3^2 + \frac{\partial_{34}^2 - \partial_{33}\,\partial_{44}}{a_{12}^2\,a_{13}\,a_{23}}\,x_4^2 = 0,$$

ou enfin, si l'on a égard à la première des relations (5). § Ier,

$$(\text{XVIII}) \qquad X_1^2 - X_2^2 - 4\,a_{13}\,a_{23}\,X_3^2 + \frac{\Delta}{a_{13}\,a_{23}}\,x_4^2 = 0.$$

Or nous avons supposé que les coefficients a_{12}, a_{13}, a_{23} n'étaient pas nuls, ce qui exige, d'après la seconde des formules (11), que ∂_{44} soit différent de zéro.

Discutons maintenant l'équation (XVIII).

Avec $\Delta > 0$, on aura à considérer :

1°. $$a_{13}\,a_{23} > 0,$$

ce qui donne les alternances de signes

$$+ \quad - \quad - \quad + ;$$

2°. $$a_{13}\,a_{23} < 0,$$

ce qui donne les alternances de signes

$$+ \quad - \quad + \quad - ;$$

on reconnaît l'hyperboloïde à une nappe

Avec $\Delta < 0$, on aura à considérer :

1°. $$a_{13}\,a_{23} > 0,$$

ce qui donne les alternances de signes

2°. $$a_{13}\,a_{23} < 0,$$

ce qui donne les alternances de signes

$$+ \quad - \quad + \quad +;$$

on reconnaît l'hyperboloïde à deux nappes.

Avec $\Delta = 0$, on aura à considérer :

1°. $$a_{13}\,a_{23} > 0,$$

ce qui donne les alternances de signes

$$+ \quad - \quad -;$$

2°. $$a_{13}\,a_{23} < 0,$$

ce qui donne les alternances de signes

$$+ \quad - \quad +;$$

on reconnaît le cône.

20. Admettons, en second lieu, que l'un des coefficients a_{13}, a_{23}, ou tous deux ensemble, soient nuls; on a, comme conséquence immédiate,

$$\delta_{11} = 0;$$

et, réciproquement, si $\delta_{11} = 0$, l'un ou l'autre des coefficients a_{13}, a_{23} sera nul.

Dans le cas actuel, l'équation (**XVI**) deviendra, si, par exemple, $a_{13} = 0$:

$$(\mathbf{XIX}) \quad \begin{cases} \mathrm{X}_1^2 - \mathrm{X}_2^2 - \big[(a_{12}\,a_{33} - a_{11}\,a_{23})\,x_2\,x_3 \\ \qquad + 2\,a_{12}\,a_{34} - 2\,a_{11}\,a_{23})\,x_1^2 = 0 \end{cases}$$

Or, d'après les relations précédentes (11), on a

$$p_{11} = -\,a_{12}^2,$$
$$\delta_{11} = 0,$$
$$\delta_{12} = a_{12}(a_{12}\,a_{33} - a_{11}\,a_{23});$$

d'où, (5), § 1er,

$$a_1^2 . \Delta = (\partial_{34})^2.$$

On voit, d'après la valeur ci-dessus, que ∂_{34} n'est pas nul, si l'on n'introduit pas d'autre hypothèse que celles que nous avons admises ; et, par suite, il en est de même de Δ : on remarquera, en outre, que Δ est essentiellement positif.

L'équation (**XIX**) représentera alors un *paraboloïde hyperbolique*; conséquence qui se trouve incluse dans les conclusions du n° 11.

Supposons enfin $\Delta = 0$; ce qui exige que ∂_{34} soit nul, et réciproquement. L'équation (**XIX**) se réduit à

$$X_1^2 - X_2^2 + 2(a_{12} a_{34} - 2 a_{13} a_{24}) x_1^2 = 0,$$

ou, en ayant égard aux relations (11),

$$(\text{XX}) \qquad X_1^2 - X_2^2 - 2 \frac{\partial_{33}}{a_{12}} x_1^2 = 0.$$

Or, dans ce cas,

$$\frac{d^2 \Delta}{da_{12} \, da_{12}} = - a_{12}^2 < 0,$$

on aura, par suite, à considérer

$$\frac{d^2 \Delta}{da_{12} \, da_{12}} < 0 \quad \text{avec} \quad \frac{d \Delta}{da_{12}} = 0,$$

ce qui donne un cylindre hyperbolique ;

$$\frac{d^2 \Delta}{da_{12} \, da_{12}} < 0 \quad \text{avec} \quad \frac{d \Delta}{da_{12}} = 0,$$

ce qui donne deux plans qui se coupent.

21. Cette discussion détaillée nous montre que tous les genres et toutes les espèces, dans les surfaces du second ordre, se trouvent parfaitement caractérisés dans les

tableaux suivants, qui en présenteront le résumé sous plusieurs points de vue.

Résumés.

1° — INVARIANT $\dfrac{d\Delta}{da_{44}}$ DIFFÉRENT DE ZÉRO.

1ᵉ FAMILLE. — Surfaces à centre unique.

1ᵉʳ CAS. — *L'invariant* $\dfrac{d\Delta}{da_{44}}$ *et le déterminant* $\dfrac{d^2\Delta}{da_{43}\,da_{44}}$ *tous deux positifs ; genre ellipsoïde.*

$$\text{Discriminant } \Delta \begin{cases} \text{négatif.} \ldots & \text{Ellipsoïde réel.} \\ \text{nul.} \ldots\ldots & \text{Point.} \\ \text{positif.} \ . & \text{Ellipsoïde imaginaire.} \end{cases}$$

N. B. Le déterminant $\dfrac{d^2\Delta}{da_{43}\,da_{44}}$ ne peut pas être nul dans ce cas.

IIᵉ CAS. — *L'invariant* $\dfrac{d\Delta}{da_{44}}$ *étant différent de zéro et n'étant pas positif en même temps que le déterminant* $\dfrac{d^2\Delta}{da_{43}\,da_{44}}$ *; genre hyperboloïde.*

$$\text{Discriminant } \Delta \begin{cases} \text{négatif.} \ldots & \text{Hyperboloïde à deux nappes.} \\ \text{nul.} \ldots & \text{Cône.} \\ \text{positif.} \ldots & \text{Hyperboloïde à une nappe.} \end{cases}$$

N. B. Le déterminant $\dfrac{d^2\Delta}{da_{43}\,da_{44}}$ peut être quelconque, positif, négatif, ou nul.

2°. INVARIANT $\dfrac{d\Delta}{da_{44}}$ NUL.

2ᵉ FAMILLE. — **Surfaces dénuées de centre ou possédant une infinité de centres.**

Iᵉʳ CAS. — *L'invariant* $\dfrac{d\Delta}{da_{44}}$ *étant nul et le discriminant* Δ *différent de zéro ; genre paraboloïde.*

$$\text{Discriminant } \Delta \begin{cases} \text{négatif.\,.\,.} & \text{Paraboloïde elliptique.} \\ \text{positif.\,.\,.} & \text{Paraboloïde hyperbolique.} \end{cases}$$

N. B. Le déterminant $\dfrac{d^2\Delta}{da_{33}\,da_{44}}$ peut être quelconque, positif, négatif, ou nul ; seulement, il ne peut pas être nul en même temps que $\dfrac{d^2\Delta}{da_{2}\,da_{44}}$, car il en résulterait $\Delta = 0$.

IIᵉ CAS. — *L'invariant* $\dfrac{d\Delta}{da_{44}}$ *et le discriminant* Δ *étant nuls ; genre cylindrique.*

1°. *Les deux déterminants* $\dfrac{d^2\Delta}{da_{33}\,da_{44}}$ *et* $\dfrac{d^2\Delta}{da_{2}\,da_{44}}$ *n'étant pas nuls en même temps :*

Si $\dfrac{d^2\Delta}{da_{33}\,da_{44}}$ o,

$$\begin{cases} \dfrac{d^2\Delta}{da_{33}\,da_{44}} > \mathrm{o}, & \dfrac{d\Delta}{da_{44}} > \mathrm{o}, & \text{cylindre elliptique imaginaire ;} \\[2.5ex] \dfrac{d^2\Delta}{da_{33}\,da_{44}} > \mathrm{o}, & \dfrac{d\Delta}{da_{44}} \; \mathrm{o}, & \text{cylindre elliptique ;} \\[2.5ex] \dfrac{d^2\Delta}{da_{33}\,da_{44}} \; \mathrm{o}, & \dfrac{d\Delta}{da_{44}} \quad \mathrm{o}, & \text{cylindre hyperbolique ;} \\[2.5ex] \dfrac{d\Delta}{da_{33}\,da_{44}} > \mathrm{o}, & \dfrac{d\Delta}{da_{44}} \; \mathrm{o}, & \text{deux plans imaginaires qui se} \\ & & \quad\text{coupent ou une droite,} \\[2.5ex] \dfrac{d^2\Delta}{da_{33}\,da_{44}} < \mathrm{o}. & \dfrac{d\Delta}{da_{44}} \; \mathrm{o}, & \text{deux plans qui se coupent.} \end{cases}$$

Si $$\frac{d^2\Delta}{da_{33}\,da_{44}} = 0 \quad \text{et} \quad \frac{d^2\Delta}{da_{22}\,da_{44}} \gtrless 0,$$

$$\frac{d^2\Delta}{da_{22}\,da_{44}} > 0, \quad \frac{d\Delta}{da_{22}} > 0, \quad \text{cylindre elliptique imaginaire ;}$$

$$\frac{d^2\Delta}{da_{22}\,da_{44}} > 0, \quad \frac{d\Delta}{da_{22}} < 0, \quad \text{cylindre elliptique ;}$$

$$\frac{d^2\Delta}{da_{22}\,da_{44}} < 0, \quad \frac{d\Delta}{da_{22}} \gtrless 0, \quad \text{cylindre hyperbolique ;}$$

$$\frac{d^2\Delta}{da_{22}\,da_{44}} > 0, \quad \frac{d\Delta}{da_{22}} = 0, \quad \text{deux plans imaginaires qui se}$$

coupent ou *une droite ;*

$$\frac{d^2\Delta}{da_{22}\,da_{44}} < 0, \quad \frac{d\Delta}{da_{22}} = 0, \quad \text{deux plans qui se coupent.}$$

II°. *Les deux déterminants* $\dfrac{d^2\Delta}{da_{33}\,da_{44}}$ *et* $\dfrac{d^2\Delta}{da_{22}\,da_{44}}$ *étant nuls en*
même temps :

1°. Si $\dfrac{d\Delta}{da_{33}}$ et $\dfrac{d\Delta}{da_{22}}$ ne sont pas nuls à la fois, on a un cylindre
parabolique ;

2°. Si $\dfrac{d\Delta}{da_{33}} = 0$ et $\dfrac{d\Delta}{da_{22}} = 0,$

$$\frac{d^2\Delta}{da_{22}\,da_{33}} > 0, \quad \text{on a deux plans parallèles imaginaires ;}$$

$$\frac{d^2\Delta}{da_{22}\,da_{33}} < 0, \quad \text{on a deux plans parallèles ;}$$

$$\frac{d^2\Delta}{da_{22}\,da_{33}} = 0, \quad \text{on a deux plans qui se confondent.}$$

N. B. Les hypothèses $\dfrac{d\Delta}{da_{44}} = 0,$ $\dfrac{d^2\Delta}{da_{33}\,da_{44}} = 0,$ $\dfrac{d^2\Delta}{da_{22}\,da_{44}} = 0$
entraînent, comme conséquence, $\Delta = 0$; mais il n'y a pas réci-
procité.

P.   3

22. On pourra résumer ainsi les signes caractéristiques des différents genres de surfaces :

Genre ellipsoïde. L'invariant $\dfrac{d\Delta}{da_{44}}$ et le déterminant $\dfrac{d^2\Delta}{da_{33}\,da_{44}}$ sont tous deux positifs ; $\dfrac{d^2\Delta}{da_{33}\,da_{44}}$ n'est jamais nul.

Genre hyperboloïde. L'invariant $\dfrac{d\Delta}{da_{44}}$ est différent de zéro et n'est pas positif en même temps que le déterminant $\dfrac{d^2\Delta}{da_{33}\,da_{44}}$, qui d'ailleurs peut être nul.

Genre paraboloïde. L'invariant $\dfrac{d\Delta}{da_{44}}$ est nul, et le discriminant Δ est différent de zéro ; $\dfrac{d^2\Delta}{da_{33}\,da_{44}}$ peut être nul.

Genre cylindrique. L'invariant $\dfrac{d\Delta}{da_{44}}$ et le discriminant Δ sont tous deux nuls.

23. On peut encore dire, si l'on convient de regarder l'ellipsoïde imaginaire, comme une surface réglée :

Discriminant négatif. Surfaces réelles dénuées de génératrices rectilignes.

Discriminant positif. Surfaces réglées gauches.

Discriminant nul. Surfaces réglées développables

24. Je renfermerai, dans le tableau suivant, les conditions nécessaires et suffisantes pour que l'équation générale du second degré représente certaines surfaces particulières :

$$\text{Cône} \quad\dots\dots\dots\dots\dots\quad \Delta = 0.$$

$$\text{Paraboloïde} \quad\dots\dots\dots\dots\quad \frac{d\Delta}{da_{44}} = 0, \quad \Delta \gtrless 0.$$

$$\text{Cylindre ellipt. ou hyperb.} \quad\dots\quad \frac{d\Delta}{da_{44}} = 0, \quad \Delta = 0.$$

$$\text{Cylindre parabolique} \quad\dots\dots\quad \left\{ \begin{array}{l} \dfrac{d^2\Delta}{da_{33}\, da_{44}} = 0, \qquad \dfrac{d^2\Delta}{da_{22}\, da_{44}} = 0. \\[2ex] \dfrac{d\Delta}{da_{44}} = 0, \end{array} \right.$$

$$\text{Deux plans qui se coupent} \quad\dots\quad \left\{ \begin{array}{ll} \dfrac{d\Delta}{da_{44}} = 0, & \Delta = 0. \\[2ex] \dfrac{d\Delta}{da_{44}} = 0, & \text{si} \quad \dfrac{d\Delta}{da_{33}\, da_{44}} \gtrless 0, \\[2ex] \dfrac{d\Delta}{da_{44}} = 0, & \text{si} \quad \dfrac{d^2\Delta}{da_{33}\, da_{44}} = 0. \end{array} \right.$$

$$\text{Deux plans parallèles} \quad\dots\dots\quad \left\{ \begin{array}{ll} \dfrac{d\Delta}{da_{44}} = 0, & \dfrac{d^2\Delta}{da_{33}\, da_{44}} = 0. \\[2ex] \dfrac{d\Delta}{da_{33}} = 0, & \dfrac{d^2\Delta}{da_{22}\, da_{44}} = 0. \\[2ex] \dfrac{d\Delta}{da_{22}} = 0. \end{array} \right.$$

$$\text{Deux plans qui se confondent} \quad\dots\quad \left\{ \begin{array}{ll} \dfrac{d\Delta}{da_{44}} = 0, & \dfrac{d^2\Delta}{da_{33}\, da_{44}} = 0. \\[2ex] \dfrac{d\Delta}{da_{33}} = 0, & \dfrac{d^2\Delta}{da_{22}\, da_{44}} = 0. \\[2ex] \dfrac{d\Delta}{da_{44}} = 0, & \dfrac{d^2\Delta}{da_{22}\, da_{33}} = 0. \end{array} \right.$$

25. Comme application des théorèmes qui précèdent, je vais donner les caractères auxquels on reconnaît qu'une surface du second ordre est de révolution, en conservant aux axes une direction quelconque.

3.

Soit

$$(1) \quad \varphi = \left\{ \begin{aligned} &a_{11}\,x_1^2 + a_{22}\,x_2^2 + a_{33}\,x_3^2 + a_{44}\,x_4^2 + 2\,a_{12}\,x_1\,x_2 \\ &+ 2\,a_{13}\,x_1\,x_3 + 2\,a_{14}\,x_1\,x_4 + 2\,a_{23}\,x_2\,x_3 \\ &+ 2\,a_{24}\,x_2\,x_4 + 2\,a_{34}\,x_3\,x_4 \end{aligned} \right\} = 0,$$

l'équation d'une surface du second ordre, et

$$(2) \quad F = \left\{ \begin{aligned} &x_1^2 + x_2^2 + x_3^2 + c_{44}\,x_4^2 + 2\,c_{12}\,x_1\,x_2 + 2\,c_{13}\,x_1\,x_3 \\ &+ 2\,c_{14}\,x_1\,x_4 + 2\,c_{23}\,x_2\,x_3 + 2\,c_{24}\,x_2\,x_4 \\ &+ 2\,c_{34}\,x_3\,x_4 \end{aligned} \right\} = 0,$$

l'équation d'une sphère.

Nous avons posé

$$(3) \quad \left\{ \begin{aligned} &c_{12} = c_{21} = \cos(x_1, x_2)\,; \\ &c_{13} = c_{31} = \cos(x_1, x_3)\,; \\ &c_{23} = c_{32} = \cos(x_2, x_3)\,; \\ &c_{14} = c_{41} = m_1 + m_2\,c_{12} + m_3\,c_{13}\,; \\ &c_{24} = c_{42} = m_1\,c_{21} + m_2 + m_3\,c_{23}\,; \\ &c_{34} = c_{43} = m_1\,c_{31} + m_2\,c_{32} + m_3\,; \\ &c_{44} = m_1^2 + m_2^2 + m_3^2 + 2\,c_{12}\,m_1\,m_2 + 2\,c_{13}\,m_1\,m_3 \\ &\qquad + 2\,c_{23}\,m_2\,m_3 - r^2\,; \end{aligned} \right.$$

dans ces formules, r désigne le rayon de la sphère, et $(-m_1, -m_2, -m_3)$ les coordonnées de son centre.

L'équation la plus générale des surfaces du second ordre, passant par l'intersection de la sphère et de la surface proposée, sera

$$(4) \qquad \varphi + \lambda F = 0.$$

Or la condition nécessaire et suffisante pour que la surface représentée par l'équation (1) soit de révolution, est que la surface (4) se réduise à deux plans parallèles ;

car alors les intersections de la surface du second degré par la sphère variable (2) se composeront d'une série de cercles parallèles; et le lieu des centres de ces sphères sera l'axe de révolution.

En appliquant à l'équation (4) les conditions énoncées au n° 24 pour que l'équation du second degré représente deux plans parallèles, on obtient les cinq relations suivantes :

$$(5)\quad\begin{cases}
\begin{vmatrix} a_{11}+\lambda & a_{12}+\lambda c_{12} \\ a_{21}+\lambda c_{21} & a_{22}+\lambda \end{vmatrix}=0, \\[1.5em]
\begin{vmatrix} a_{11}+\lambda & a_{13}+\lambda c_{13} \\ a_{31}+\lambda c_{31} & a_{33}+\lambda \end{vmatrix}=0, \\[1.5em]
\begin{vmatrix} a_{11}+\lambda & a_{12}+\lambda c_{12} & a_{13}+\lambda c_{13} \\ a_{21}+\lambda c_{21} & a_{22}+\lambda & a_{23}+\lambda c_{23} \\ a_{31}+\lambda c_{31} & a_{32}+\lambda c_{32} & a_{33}+\lambda \end{vmatrix}=0, \\[2em]
\begin{vmatrix} a_{11}+\lambda & a_{12}+\lambda c_{12} & a_{14}+\lambda c_{14} \\ a_{21}+\lambda c_{21} & a_{22}+\lambda & a_{24}+\lambda c_{24} \\ a_{41}+\lambda c_{41} & a_{42}+\lambda c_{42} & a_{44}+\lambda c_{44} \end{vmatrix}=0, \\[2em]
\begin{vmatrix} a_{11}+\lambda & a_{13}+\lambda c_{13} & a_{14}+\lambda c_{14} \\ a_{21}+\lambda c_{21} & a_{33}+\lambda & a_{34}+\lambda c_{34} \\ a_{41}+\lambda c_{41} & a_{43}+\lambda c_{43} & a_{44}+\lambda c_{44} \end{vmatrix}=0.
\end{cases}$$

26. Les deux premières des équations (5) donnent

$$(6)\quad\begin{cases} (a_{11}+\lambda)(a_{22}+\lambda)=(a_{12}+\lambda c_{12})^2, \\ (a_{11}+\lambda)(a_{33}+\lambda)=(a_{13}+\lambda c_{13})^2. \end{cases}$$

Si l'on développe la troisième par rapport aux éléments de la troisième colonne, puis qu'on ait égard à la première des équations (5), et aux relations (6), il viendra

$$(a_{22}+\lambda)(a_{33}+\lambda)=(a_{23}+\lambda c_{23})^2.$$

Nous obtenons ainsi les trois relations définitives

$$(7) \quad \begin{cases} (a_{11} + \lambda)(a_{22} + \lambda) = (a_{12} + \lambda c_{12})^2, \\ (a_{22} + \lambda)(a_{33} + \lambda) = (a_{23} + \lambda c_{23})^2, \\ (a_{33} + \lambda)(a_{11} + \lambda) = (a_{31} + \lambda c_{31})^2; \end{cases}$$

qu'on pourra remplacer par les trois suivantes :

$$(8) \quad \begin{cases} (a_{33} + \lambda)(a_{12} + \lambda c_{12}) = (a_{31} + \lambda c_{31})(a_{32} + \lambda c_{32}), \\ (a_{11} + \lambda)(a_{23} + \lambda c_{23}) = (a_{12} + \lambda c_{12})(a_{13} + \lambda c_{13}), \\ (a_{22} + \lambda)(a_{31} + \lambda c_{31}) = (a_{23} + \lambda c_{23})(a_{21} + \lambda c_{21}). \end{cases}$$

L'élimination de λ entre ces trois relations conduira aux *deux équations de condition* nécessaires et suffisantes pour que la surface représentée par l'équation (1) soit de révolution.

Ces équations d'ailleurs se présentent sous une forme assez compliquée, et il est préférable de conserver les relations primitives (7) ou (8).

En introduisant, dans les relations (8), l'hypothèse

$$c_{12} = c_{23} = c_{31} = 0,$$

on retrouve les équations connues dans le cas des axes rectangulaires

27. Développons maintenant les deux dernières équations (5). La quatrième donne

$$\left.\begin{array}{l} (a_{11} + \lambda c_{11}) \begin{vmatrix} a_{21} + \lambda c_{21} & a_{22} + \lambda \\ a_{31} + \lambda c_{31} & a_{32} + \lambda c_{32} \end{vmatrix} \\[2em] - (a_{21} + \lambda c_{21}) \begin{vmatrix} a_{11} + \lambda & a_{12} + \lambda c_{12} \\ a_{31} + \lambda c_{31} & a_{32} + \lambda c_{32} \end{vmatrix} \\[2em] + (a_{31} + \lambda c_{31}) \begin{vmatrix} a_{11} + \lambda & a_{12} + \lambda c_{12} \\ a_{21} + \lambda c_{21} & a_{22} + \lambda \end{vmatrix} \end{array}\right\} = 0.$$

Si l'on remarque que le dernier déterminant est nul, et

qu'on ait égard aux relations (7) ou (8), il vient après réduction

$$(9) \qquad (a_{11} + \lambda)(a_{24} + \lambda c_{24}) = (a_{12} + \lambda c_{12})(a_{14} + \lambda c_{14}).$$

On trouvera de même, en développant la dernière des équations (5),

$$(10) \qquad (a_{11} + \lambda)(a_{34} + \lambda c_{34}) = (a_{13} + \lambda c_{13})(a_{14} + \lambda c_{14}).$$

Ces deux dernières relations peuvent s'écrire

$$(11) \qquad \frac{a_{14} + \lambda c_{14}}{a_{11} + \lambda} = \frac{a_{24} + \lambda c_{24}}{a_{12} + \lambda c_{12}} = \frac{a_{34} + \lambda c_{34}}{a_{13} + \lambda c_{13}}.$$

Or la sphère (2) a pour coordonnées de son centre $(-m_1, -m_2, -m_3)$: on obtiendra donc le lieu des centres, ou les équations de *l'axe de révolution*, en remplaçant, dans les équations (11), m_1, m_2, m_3 respectivement par $-\dfrac{x_1}{x_4}$, $-\dfrac{x_2}{x_4}$, $-\dfrac{x_3}{x_4}$; les c_{14}, c_{24}, c_{34} étant définis par les relations (3). On trouve ainsi

$$(12) \quad \left\{ \begin{aligned} \frac{\lambda(x_1 + c_{12} x_2 + c_{13} x_3) - a_{14} x_4}{a_{11} + \lambda} &= \frac{\lambda(c_{21} x_1 + x_2 + c_{23} x_3) - a_{24} x_4}{a_{12} + \lambda c_{12}} \\ &= \frac{\lambda(c_{31} x_1 + c_{32} x_2 + x_3) - a_{34} x_4}{a_{13} + \lambda c_{13}} \, ; \end{aligned} \right.$$

la quantité λ est déterminée par les équations (7) ou (8).

CHAPITRE II.

INTERSECTION D'UNE DROITE ET D'UN PLAN AVEC UNE SURFACE DU SECOND ORDRE. — POINT INTÉRIEUR.

§ I. — *Intersection d'une droite avec une surface du second ordre.*

28. L'équation de la surface étant toujours

$$(1)\quad \left\{\begin{array}{l} a_{11}x_1^2 + a_{22}x_2^2 + a_{33}x_3^2 + a_{44}x_4^2 + 2a_{12}x_1x_2 \\ \quad + 2a_{13}x_1x_3 + 2a_{14}x_1x_4 + 2a_{23}x_2x_3 \\ \quad + 2a_{24}x_2x_4 + 2a_{34}x_3x_4 \end{array}\right\} = 0,$$

je prendrai les équations de la droite sous la forme générale

$$(2)\quad \left\{\begin{array}{l} m_1x_1 + m_2x_2 + m_3x_3 + m_4x_4 = 0, \\ n_1x_1 + n_2x_2 + n_3x_3 + n_4x_4 = 0. \end{array}\right.$$

Or, si l'on pose

$$(3)\quad \Lambda_{r,s} = n_r m_s - n_s m_r, \quad \text{d'où} \quad \Lambda_{r,s} = -\Lambda_{s,r},$$

on déduira des équations (2)

$$(4)\quad \left\{\begin{array}{l} \Lambda_{21}x_1 + \Lambda_{23}x_3 + \Lambda_{24}x_4 = 0; \\ \Lambda_{12}x_2 + \Lambda_{13}x_3 + \Lambda_{14}x_4 = 0. \end{array}\right.$$

En éliminant x_1 et x_2 entre les équations (1) et (4) on obtiendra les $\frac{x_3}{x_4}$ des points d'intersection de la droite avec la surface; on arrivera ainsi à l'équation

$$(5) \qquad M_{33} \, x_3^2 + 2 M_{34} \, x_3 \, x_4 + M_{44} \, x_4^2 = 0,$$

après avoir posé

$$(6) \quad \begin{cases} M_{33} = a_{11} A_{23}^2 + a_{22} A_{13}^2 + a_{33} A_{21}^2 - 2 a_{12} A_{23} A_{13} \\ \qquad - 2 a_{13} A_{21} A_{23} - 2 a_{23} A_{12} A_{13}; \\ M_{34} = a_{11} A_{23}^2 + a_{22} A_{14}^2 + a_{44} A_{21}^2 - 2 a_{12} A_{24} A_{14} \\ \qquad - 2 a_{11} A_{21} A_{24} - 2 a_{24} A_{12} A_{14}; \\ M_{34} = a_{11} A_{23} A_{24} + a_{22} A_{13} A_{14} + A_{34} A_{21}^2 - a_{12} A_{23} A_{14} \\ \qquad - a_{12} A_{24} A_{13} - a_{13} A_{21} A_{24} - a_{14} A_{21} A_{23} \\ \qquad - a_{23} A_{12} A_{14} - a_{24} A_{12} A_{13}. \end{cases}$$

Or, si l'on désigne par V le déterminant

$$\begin{vmatrix} a_{11} & a_{12} & a_{13} & a_{14} & m_1 & n_1 \\ a_{21} & a_{22} & a_{23} & a_{24} & m_2 & n_2 \\ a_{31} & a_{32} & a_{33} & a_{34} & m_3 & n_3 \\ a_{41} & a_{42} & a_{43} & a_{44} & m_4 & n_4 \\ m_1 & m_2 & m_3 & m_4 & 0 & 0 \\ m_1 & m_2 & m_3 & m_4 & 0 & 0 \end{vmatrix},$$

où $a_{i,k} = a_{k,i}$, on constate, par un calcul facile, que

$$(7) \quad \begin{cases} M_{33} = + \dfrac{dV}{da_{44}}; \\[2mm] M_{34} = - \dfrac{dV}{da_{43}}; \\[2mm] M_{44} = + \dfrac{dV}{da_{33}}. \end{cases}$$

Par suite, l'équation de la projection sur l'axe des x_3 pourra s'écrire

$$(8) \qquad \frac{dV}{da_{44}} x_3^2 - 2 \frac{dV}{da_{43}} x_3 x_4 + \frac{dV}{da_{33}} x_4^2 = 0.$$

On trouverait, par un calcul semblable, pour les projections sur les deux autres axes coordonnés

$$(9)\quad\begin{cases} \dfrac{dV}{da_{33}}x_2^2 - 2\dfrac{dV}{da_{13}}x_2 x_1 + \dfrac{dV}{da_{22}}x_1^2 = 0; \\[2ex] \dfrac{dV}{da_{44}}x_1^2 - 2\dfrac{dV}{da_{41}}x_1 x_4 + \dfrac{dV}{da_{11}}x_4^2 = 0. \end{cases}$$

Avant de discuter ces équations, je signalerai d'abord les relations

$$(10)\quad\begin{cases} V\,\dfrac{d^2V}{da_{33}\,da_{44}} = \dfrac{dV}{da_{33}}\dfrac{dV}{da_{44}} - \left(\dfrac{dV}{da_{43}}\right)^2; \\[2ex] V\,\dfrac{d^2V}{da_{22}\,da_{44}} = \dfrac{dV}{da_{22}}\dfrac{dV}{da_{44}} - \left(\dfrac{dV}{da_{42}}\right)^2; \\[2ex] V\,\dfrac{d^2V}{da_{11}\,da_{44}} = \dfrac{dV}{da_{11}}\dfrac{dV}{da_{44}} - \left(\dfrac{dV}{da_{41}}\right)^2; \end{cases}$$

$$(11)\quad\begin{cases} \dfrac{d^2V}{da_{33}\,da_{44}} = (n_2 m_1 - n_1 m_2)^2; \\[2ex] \dfrac{d^2Y}{da_{22}\,da_{44}} = (n_3 m_1 - n_1 m_3)^2; \\[2ex] \dfrac{d^2\Delta}{da_{11}\,da_{44}} = (n_1 m_2 - n_2 m_1)^2. \end{cases}$$

Première hypothèse. $\dfrac{dV}{da_{11}}$ *est différent de zéro.*

29. La condition de réalité des racines de l'équation (8) est exprimée par l'inégalité

$$\frac{dV}{da_{33}}\frac{dV}{da_{11}} - \left(\frac{dV}{da_{41}}\right)^2 < 0$$

Si l'on admet que $(n_1 m_2 - n_2 m_1)$ soit différent de zéro, cette inégalité pourra s'écrire

$$(n_1 m_2 - n_2 m_1)^2\,V < 0;$$

d'où l'on tirera les conclusions suivantes :

$$\text{Il n'y a } \textit{pas intersection, si } V > 0 ;$$
$$\text{Il y a } \textit{intersection,} \qquad \text{si } V < 0 ;$$
$$\text{Il y a } \textit{tangence,} \qquad \text{si } V = 0 ;$$

car il résulte de la dernière hypothèse $V = 0$ que la projection, sur les trois plans coordonnés, des points d'intersection de la droite avec la surface se réduit à un *point unique*.

30. Si l'on avait $(n_1 m_2 - n_2 m_1) = 0$, l'étude de la projection sur l'axe des x_3 devrait être abandonnée; la droite est, en effet, dans un plan parallèle au plan des $x_1 x_2$ (4).

Mais les équations (9) vont permettre de résoudre la question. Les conditions de réalité des racines seront exprimées, pour la première, par

$$(n_1 m_2 - n_2 m_1)^2 V < 0 ;$$

pour la seconde, par

$$(n_1 m_3 - n_3 m_1)^2 V < 0.$$

Or, on ne saurait avoir en même temps $(n_1 m_2 - n_2 m_1) = 0$ et $(n_1 m_3 - n_3 m_1) = 0$; car alors les deux plans représentés par les équations (2) seraient parallèles et ne donneraient plus une droite. On voit encore, dans ce cas, qu'il y aura *non-intersection*, *intersection* ou *tangence*, suivant que V sera *positif*, *négatif* ou *nul*.

31. On pourrait cependant avoir ($m_1 = 0$ et $n_1 = 0$), auquel cas la droite serait parallèle à l'axe des x_1; la seconde des équations (9) donnera alors la réponse à la question.

Remarquons d'abord qu'on ne peut pas supposer en

même temps

$$m_2 n_3 - m_3 n_2 = 0 ;$$

car les équations (2) seraient incompatibles. Partant de là on se trouve encore conduit aux conséquences que je viens d'énoncer.

SECONDE HYPOTHÈSE. $\dfrac{dV}{da_{44}}$ est nul.

32. Nous aurons deux cas à examiner.

Premier cas : $\dfrac{d^2V}{da_{33}\,da_{44}} \gtrless 0.$

La première des relations (10) donne, dans le cas actuel,

$$(12) \qquad V\,\frac{d^2V}{da_{33}\,da_{44}} - \left(\frac{dV}{da_{43}}\right)^2 ;$$

et, comme $\dfrac{d^2V}{da_{33}\,da_{44}}$ est différent de zéro, il en résulte que V et $\dfrac{dV}{da_{43}}$ sont nuls en même temps. Si V est différent de zéro, il sera négatif; et on voit alors qu'il y a intersection, mais l'un des points d'intersection est à l'infini.

Si l'on a $V = 0$, il en résultera $\dfrac{dV}{da_{43}} = 0$, et réciproquement; les $\dfrac{x_3}{x_4}$ des points d'intersection sont tous deux infinis, pourvu que $\dfrac{dV}{da_{33}}$ soit différent de zéro. Les deux dernières équations (10) donnent dans cette hypothèse

$$\frac{dV}{da_{42}} = 0, \qquad \frac{dV}{da_{41}} = 0 ;$$

et on voit alors, (8) et (9), que la droite est *tangente à l'infini* ou *asymptotique à la surface.*

Lorsque, V étant nul, on a aussi $\dfrac{dV}{da_{33}} = 0$, on en conclut comme précédemment

$$\frac{d\,V}{da_{42}} = 0, \qquad \frac{d\,V}{da_{44}} = 0$$

Puis, d'après les relations

$$(13) \quad \begin{cases} V\,\dfrac{d^2\,V}{da_{22}\,da_{33}} = \dfrac{d\,V}{da_{22}}\,\dfrac{d\,V}{da_{33}} - \left(\dfrac{d\,V}{da_{23}}\right)^2, \\[2ex] V\,\dfrac{d^2\,V}{da_{44}\,da_{33}} = \dfrac{d\,V}{da_{44}}\,\dfrac{d\,V}{da_{33}} - \left(\dfrac{d\,V}{da_{43}}\right)^2, \end{cases}$$

on conclut encore

$$\frac{d\,V}{da_{23}} = 0, \qquad \frac{d\,V}{da_{43}} = 0.$$

Or, le déterminant V fournit les deux équations

$$\begin{cases} n_1\,\dfrac{d\,V}{da_{12}} + n_2\,\dfrac{d\,V}{da_{22}} + n_3\,\dfrac{d\,V}{da_{32}} + n_4\,\dfrac{d\,V}{da_{42}} = 0, \\[2ex] m_1\,\dfrac{d\,V}{da_{12}} + m_2\,\dfrac{d\,V}{da_{22}} + m_3\,\dfrac{d\,V}{da_{32}} + m_4\,\dfrac{d\,V}{da_{42}} = 0, \end{cases}$$

qui, en ayant égard aux conséquences déjà établies, donnent

$$\frac{d\,V}{da_{22}} = 0.$$

On trouverait de la même manière

$$\frac{d\,V}{da_{44}} = 0.$$

Donc, les trois équations qui déterminent les points d'intersection de la droite se réduisent à des identités, c'est-à-dire que la droite est tout entière située sur la surface. Ainsi :

Lorsque $\dfrac{d\,\mathrm{V}}{da_{11}} = 0$, et $\dfrac{d^2\,\mathrm{V}}{da_{33}\,da_{44}} \gtrless 0$,

Il y a *intersection*, si $\mathrm{V} < 0$;

Il y a *tangence à l'infini*, si $\mathrm{V} = 0$ et $\dfrac{d\,\mathrm{V}}{da_{33}} \gtrless 0$,

Il y a *coïncidence*, si $\mathrm{V} = 0$ et $\dfrac{d\,\mathrm{V}}{da_{33}} = 0$.

33. *Deuxième cas.* $\dfrac{d^2\,\mathrm{V}}{da_{33}\,da_{44}} = \mathrm{A}_{12}^{2} = 0$.

1°. Lorsque $\dfrac{d^2\,\mathrm{V}}{da_{33}\,da_{44}}$ est nul sans que m_1 et n_1 soient nuls, $\dfrac{d^2\,\mathrm{V}}{da_{22}\,da_{44}}$ sera nécessairement différent de zéro ; car autrement les équations (2) seraient incompatibles.

Si l'on pose

$$\frac{m_2}{m_1} = \frac{n_2}{n_1} = \lambda,$$

on en déduit

$$(14) \qquad\qquad \mathrm{A}_{2r} = \lambda\,\mathrm{A}_{1r}.$$

Introduisant dans les équations (6) et (7) l'hypothèse $\mathrm{A}_{12} = 0$, ayant égard à la relation (14), et se rappelant que $\dfrac{d\,\mathrm{V}}{da_{44}}$ est nul, on conclut d'abord

$$(15 \qquad\qquad \frac{d\,\mathrm{V}}{da_{44}} = 0, \qquad \frac{d\,\mathrm{V}}{da_{33}} = 0.$$

La droite étant parallèle au plan des $x_1\ x_2$, il faut avoir recours aux projections sur les deux autres axes coordonnés ; les équations sont alors

$$(16) \qquad \begin{cases} -\,2\,\dfrac{d\,\mathrm{V}}{da_{42}}\,x_2\,x_4 + \dfrac{d\,\mathrm{V}}{da_{22}}\,\mathrm{X}_4^2 = 0, \\[2ex] -\,2\,\dfrac{d\,\mathrm{V}}{da_{41}}\,x_1\,x_4 + \dfrac{d\,\mathrm{V}}{da_{11}}\,\mathrm{X}_4^2 = 0. \end{cases}$$

Si V est différent de zéro, il y aura intersection, et V dans ce cas est encore négatif (10).

V étant nul, les équations (10) donneront $\dfrac{dV}{da_{12}} = 0$, $\dfrac{dV}{da_{11}} = 0$, c'est-à-dire que la droite est tangente à l'infini, si $\dfrac{dV}{da_{22}}$ est différent de zéro.

Supposons $\dfrac{dV}{da_{22}} = 0$; le déterminant V fournit les équations

$$
\begin{cases}
n_1 \dfrac{dV}{da_{11}} + n_2 \dfrac{dV}{da_{21}} + n_3 \dfrac{dV}{da_{31}} + n_4 \dfrac{dV}{da_{41}} = 0, \\[2ex]
n_1 \dfrac{dV}{da_{12}} + n_2 \dfrac{dV}{da_{22}} + n_3 \dfrac{dV}{da_{32}} + n_4 \dfrac{dV}{da_{42}} = 0;
\end{cases}
$$

or on a déjà

$$
\frac{dV}{da_{31}} = 0, \qquad \frac{dV}{da_{42}} = 0, \qquad \frac{dV}{da_{22}} = 0;
$$

on a, en outre, d'après les équations (13) et (15),

$$
\frac{dV}{da_{32}} = 0, \qquad \frac{dV}{da_{12}} = 0;
$$

donc

$$
\frac{dV}{da_{11}} = 0;
$$

c'est-à-dire que la droite est tout entière sur la surface. Ainsi

Lorsque $\dfrac{dV}{da_{11}} = 0$, $\dfrac{dV}{da_{33}\,da_{44}} = 0$ et $\dfrac{d^2 V}{da_{22}\,da_{44}} \gtrless 0$; alors $\dfrac{dV}{da_{33}} = 0$. Et

Il y a *intersection*, si $V < 0$;

Il y a *tangence*, si $V = 0$ et $\dfrac{dV}{da_{22}} \gtrless 0$;

Il y a *coïncidence* si $V = 0$ et $\dfrac{dV}{da_{22}} = 0$

34. II°. Supposons $(m_1 = 0, n_1 = 0)$, alors

$$\frac{d^2 V}{da_{33}\, da_{44}} = 0, \qquad \frac{d^2 V}{da_{22}\, da_{44}} = 0, \qquad \frac{d^2 V}{da_{22}\, da_{33}} = 0,$$

c'est-à-dire que

$$A_{12} = 0, \quad A_{13} = 0, \quad A_{14} = 0.$$

Introduisons ces hypothèses dans les équations (6), il vient

$$(17) \qquad \left\{ \begin{aligned} \frac{d V}{da_{44}} &= a_{11}\, A_{23}^2; \\[1ex] \frac{d V}{da_{33}} &= a_{11}\, A_{24}^2; \\[1ex] -\frac{d V}{da_{34}} &= a_{11}\, A_{23}\, A_{24}. \end{aligned} \right.$$

Or $\dfrac{d V}{da_{44}} = 0$; d'un autre côté, A_{23} ne peut pas être nul; car alors les équations (2) seraient incompatibles; on a donc

$$(18) \qquad a_{11} = 0; \quad \text{par suite} \quad \frac{d V}{da_{34}} = 0, \quad \frac{d V}{da_{33}} = 0.$$

La seconde des équations (10) donne, en outre,

$$\frac{d V}{da_{42}} = 0;$$

et l'on vérifie immédiatement que

$$\frac{d V}{da_{22}} = \begin{vmatrix} 0 & a_{13} & a_{14} & 0 & 0 \\ a_{31} & a_{33} & a_{34} & m_3 & n_3 \\ a_{41} & a_{43} & a_{44} & m_4 & n_4 \\ 0 & m_3 & m_4 & 0 & 0 \\ 0 & n_3 & n_4 & 0 & 0 \end{vmatrix} = 0.$$

Les deux premières équations des projections ne sont

plus aptes à décider la question ; c'est qu'en effet la droite est alors parallèle à l'axe des x_1. Mais il reste la troisième équation

$$- 2 \frac{dV}{da_{41}} x_1 x_4 + \frac{dV}{da_{11}} x_4^2 = 0.$$

La troisième des relations (10)

$$V (m_2 n_3 - m_3 n_2)^2 = - \left(\frac{dV}{da_{41}} \right)^2$$

nous montre que V et $\dfrac{dV}{da_{11}}$ s'annulent en même temps ; et si V n'est pas nul, il est nécessairement négatif.

Nous serons ainsi conduits aux conséquences suivantes :

Lorsque $\left(\dfrac{dV}{da_{44}} = 0, \quad \dfrac{d^2V}{da_{43} da_{44}} = 0, \quad \dfrac{d^2V}{da_{22} da_{44}} = 0 \right)$, alors

$$\frac{dV}{da_{34}} = 0, \quad \frac{dV}{da_{22}} = 0 ; \text{ et}$$

Il y a *intersection*, si V est différent de zéro ;

Il y a *tangence*, si $V = 0$ et $\dfrac{dV}{da_{11}} \gtrless 0$;

Il y a *coïncidence*, si $V = 0$ et $\dfrac{dV}{da_{11}} = 0$

35.   *Résumé.*

I°. Si $\dfrac{dV}{da_{44}} \gtrless 0$,

Il y a *non-intersection*, lorsque $V > 0$;

Il y a *intersection*, lorsque $V < 0$;

Il y a *tangence*, lorsque $V = 0$.

II°. Si $\dfrac{dV}{da_{44}} = 0$,

Il y a *intersection*, lorsque V est différent de zéro.

N. B. Dans ce cas, V est toujours négatif, et l'un des points d'intersection est à l'infini.

Si $V = 0$,

P.   4

Premier cas. $\dfrac{d^2V}{da_{33}\,da_{44}} \gtrless 0,$

Il y a *tangence à l'infini*, lorsque $\dfrac{dV}{da_{33}} \lessgtr 0$;

Il y a *coïncidence*, lorsque $\dfrac{dV}{da_{33}} = 0$

Deuxième cas. $\dfrac{d^2V}{da_{33}\,da_{44}} = 0,$ et $\dfrac{d^2V}{da_{22}\,da_{44}} \gtrless 0,$

Il y a *tangence à l'infini*, lorsque $\dfrac{dV}{da_{22}} \gtrless 0$;

Il y a *coïncidence*, lorsque $\dfrac{dV}{da_{22}} = 0$.

N. B. Dans ce cas $\dfrac{dV}{da_{33}}$ est nécessairement *nul*.

Troisième cas. $\dfrac{d^2V}{da_{33}\,da_{44}} = 0,$ et $\dfrac{d^2V}{da_{22}\,da_{44}} = 0,$

Il y a *tangence à l'infini*, lorsque $\dfrac{dV}{da_{11}} \gtrless 0$;

Il y a *coïncidence*, lorsque $\dfrac{dV}{da_{11}} = 0$

N. B. Dans ce cas $\dfrac{dV}{da_{33}}$ et $\dfrac{dV}{da_{22}}$ sont *nuls*.

36. On pourra dire, plus simplement,

Il n'y a *pas intersection*, si $V > 0$,
Il y a *intersection*, si $V < 0$;
Il y a *tangence*, si $V = 0$;

pourvu que, dans le mot *tangence*, on comprenne l'asymptotisme et la coïncidence.

Remarque. Lorsque la droite est tangente, il est facile d'obtenir les coordonnées du point de contact. Si l'on se reporte, en effet, aux équations (8) et (9), et qu'on y introduise l'hypothèse $V = 0$, on trouve

$$(20) \quad x_1 = \frac{dV}{da_{14}}, \quad x_2 = \frac{dV}{da_{24}}, \quad x_3 = \frac{dV}{da_{34}}, \quad x_4 = \frac{dV}{da_{44}}.$$

On voit que, lorsque $\frac{dV}{da_{44}}$ est nul, le point de contact est à l'infini.

§ II. — *Conditions pour qu'un point soit intérieur à une surface du second ordre.*

37. Je dirai qu'un point est *intérieur à une surface du second ordre* lorsque de ce point on ne peut mener aucune tangente réelle à la surface.

Soient $\frac{\alpha_1}{\alpha_4}, \frac{\alpha_2}{\alpha_4}, \frac{\alpha_3}{\alpha_4}$ les coordonnées d'un point fixe, et

$$(1)\qquad \begin{cases} m_1 x_1 + m_2 x_2 + m_3 x_3 + m_4 x_4 = 0, \\ n_1 x_1 + n_2 x_2 + n_3 x_3 + n_4 x_4 = 0 \end{cases}$$

les équations d'une droite quelconque ; on exprimera que cette droite passe par le point donné, en écrivant les équations

$$(2)\qquad \begin{cases} m_1 \alpha_1 + m_2 \alpha_2 + m_3 \alpha_3 + m_4 \alpha_4 = 0, \\ n_1 \alpha_1 + n_2 \alpha_2 + n_3 \alpha_3 + n_4 \alpha_4 = 0. \end{cases}$$

Nous avons vu dans le paragraphe précédent que si une droite est tangente, le déterminant V est nul, et réciproquement (n° 35).

Nous exprimerons donc que le point $\frac{\alpha_1}{\alpha_4}, \frac{\alpha_2}{\alpha_4}, \frac{\alpha_3}{\alpha_4}$ est *intérieur*, en écrivant les conditions pour qu'il n'y ait aucune valeur des m, n qui puisse annuler le déterminant

$$(3)\qquad V = \begin{vmatrix} a_{11} & a_{12} & a_{13} & a_{14} & m_1 & n_1 \\ a_{21} & a_{22} & a_{23} & a_{24} & m_2 & n_2 \\ a_{31} & a_{32} & a_{33} & a_{34} & m_3 & n_3 \\ a_{41} & a_{42} & a_{43} & a_{44} & m_4 & n_4 \\ m_1 & m_2 & m_3 & m_4 & 0 & 0 \\ n_1 & n_2 & n_3 & n_4 & 0 & 0 \end{vmatrix}$$

où

$$a_{r,s} = a_{s,r},$$

et en ayant égard toutefois aux relations (2).

Désignons par φ le premier membre de l'équation de la surface, par X_1, X_2, X_3, X_4 ses demi-dérivées par rapport aux variables x_1, x_2, x_3, x_4; puis, par φ_0, A_1, A_2, A_3, A_4 ces mêmes expressions dans lesquelles on aura remplacé x_1, x_2, x_3, x_4 respectivement par α_1, α_2, α_3, α_4; on aura les identités

$$(4) \quad \left\{ \begin{aligned}
A_1 &= a_{11}\alpha_1 + a_{12}\alpha_2 + a_{13}\alpha_3 + a_{14}\alpha_4 \\
&= a_{11}\alpha_1 + a_{21}\alpha_2 + a_{31}\alpha_3 + a_{41}\alpha_4; \\
A_2 &= a_{21}\alpha_1 + a_{22}\alpha_2 + a_{23}\alpha_3 + a_{24}\alpha_4 \\
&= a_{12}\alpha_1 + a_{22}\alpha_2 + a_{32}\alpha_3 + a_{42}\alpha_4; \\
A_3 &= a_{31}\alpha_1 + a_{32}\alpha_2 + a_{33}\alpha_3 + a_{34}\alpha_4 \\
&= a_{13}\alpha_1 + a_{23}\alpha_2 + a_{33}\alpha_3 + a_{43}\alpha_4; \\
A_4 &= a_{41}\alpha_2 + a_{42}\alpha_2 + a_{43}\alpha_3 + a_{44}\alpha_4 \\
&= a_{14}\alpha_1 + a_{24}\alpha_2 + a_{34}\alpha_3 + a_{44}\alpha_4; \\
\varphi_0 &= \alpha_1 A_1 + \alpha_2 A_2 + \alpha_3 A_3 + \alpha_4 A_4.
\end{aligned} \right.$$

38. Maintenant multiplions la quatrième ligne du déterminant V par α_4, et ajoutons-y les trois premières multipliées respectivement par α_1, α_2, α_3, il viendra, en ayant égard aux relations (2) et (4),

$$(5) \quad \alpha_4 V = \begin{vmatrix}
a_{11} & a_{12} & a_{13} & a_{14} & m_1 & n_1 \\
a_{21} & a_{22} & a_{23} & a_{24} & m_2 & n_2 \\
a_{31} & a_{32} & a_{33} & a_{34} & m_3 & n_3 \\
A_1 & A_2 & A_3 & A_4 & 0 & 0 \\
m_1 & m_2 & m_3 & m_4 & 0 & 0 \\
n_1 & n_2 & n_3 & n_4 & 0 & 0
\end{vmatrix}$$

Puis multiplions la quatrième colonne de ce dernier déterminant par α, et ajoutons-y les trois premières respectivement multipliées par α_1, α_2, α_3, on obtiendra définitivement

$$(6) \qquad \alpha_i^2 V = \begin{vmatrix} a_{11} & a_{12} & a_{13} & A_1 & m_1 & n_1 \\ a_{21} & a_{22} & a_{23} & A_2 & m_2 & n_2 \\ a_{31} & a_{32} & a_{33} & A_3 & m_3 & n_3 \\ A_1 & A_2 & A_3 & \varphi_0 & 0 & 0 \\ m_1 & m_2 & m_3 & 0 & 0 & 0 \\ n_1 & n_2 & n_3 & 0 & 0 & 0 \end{vmatrix}$$

En développant le second membre de l'identité (6), après avoir posé

$$(7) \qquad \begin{cases} y_1 = n_2 m_3 - n_3 m_2, \\ y_2 = n_3 m_1 - n_1 m_3, \\ y_3 = n_1 m_2 - n_2 m_1, \end{cases}$$

$$(8) \qquad R = \begin{vmatrix} a_{11} & a_{12} & a_{13} & A_1 \\ a_{21} & a_{22} & a_{23} & A_2 \\ a_{31} & a_{32} & a_{33} & A_3 \\ A_1 & A_2 & A_3 & \varphi_0 \end{vmatrix}$$

on trouvera

$$(9) \qquad \begin{cases} \alpha_i^2 V = \dfrac{d^2 R}{da_{22}\,da_{33}} y_1^2 + \dfrac{d^2 R}{da_{33}\,da_{11}} y_2^2 + \dfrac{d^2 R}{da_{11}\,da_{22}} y_3^2 \\[2ex] \qquad - 2\,\dfrac{d^2 R}{da_{11}\,da_{22}} y_2 y_3 - 2\,\dfrac{d^2 R}{da_{22}\,da_{33}} y_1 y_3 \\[2ex] \qquad - 2\,\dfrac{d^2 R}{da_{33}\,da_{11}} y_1 y_2. \end{cases}$$

On voit, d'après les équations (7), que si l'on peut déterminer pour y_1, y_2, y_3 des valeurs qui ne soient pas nulles toutes trois et qui annulent le second membre de l'équation (9), il en résultera toujours pour les m,

u_1 une infinité de valeurs qui rendront la droite (1) tangente à la surface.

39. Avant de discuter l'équation (9), je vais indiquer plusieurs relations d'identité, dont la vérification est facile, et qui peuvent s'obtenir immédiatement en appliquant aux dérivées partielles du déterminant R la formule générale déjà citée

$$(10) \qquad P \frac{d^2 P}{da_{rs}\, da_{r_1 s_1}} = \frac{dP}{da_{rs}}\, \frac{dP}{da_{r_1 s_1}} - \frac{dP}{da_{rs_1}}\, \frac{dP}{da_{r_1 s}},$$

et en ayant égard à l'identité

$$(11) \qquad \frac{d^2 P}{da_{rs}\, da_{r_1 s_1}} = \frac{d^2 P}{da_{rs_1}\, da_{r_1 s}}$$

(Brioschi, *Théorie des Déterminants*, p. 16).

Ces relations sont les suivantes :

$$(12) \quad
\begin{aligned}
\varphi_0\, \frac{dR}{da_{33}} &= \frac{d^2 R}{da_{33}\, da_{11}}\, \frac{d^2 R}{da_{13}\, da_{22}} - \left(\frac{d^2 R}{da_{13}\, da_{12}}\right)^2, \\[1ex]
\varphi_0\, \frac{dR}{da_{22}} &= \frac{d^2 R}{da_{22}\, da_{11}}\, \frac{d^2 R}{da_{22}\, da_{33}} - \left(\frac{d^2 R}{da_{22}\, da_{13}}\right)^2, \\[1ex]
\varphi_0\, \frac{dR}{da_{11}} &= \frac{d^2 R}{da_{11}\, da_{22}}\, \frac{d^2 R}{da_{11}\, da_{33}} - \left(\frac{d^2 R}{da_{11}\, da_{23}}\right)^2, \\[1ex]
\varphi_0\, \frac{dR}{da_{23}} &= \frac{d^2 R}{da_{23}\, da_{11}}\, \frac{d^2 R}{da_{12}\, da_{13}} + \frac{d^2 R}{da_{22}\, da_{13}}\, \frac{d^2 R}{da_{33}\, da_{12}}, \\[1ex]
\varphi_0\, \frac{dR}{da_{13}} &= \frac{d^2 R}{da_{13}\, da_{22}}\, \frac{d^2 R}{da_{23}\, da_{11}} + \frac{d^2 R}{da_{11}\, da_{23}}\, \frac{d^2 R}{da_{12}\, da_{12}}, \\[1ex]
\varphi_0\, \frac{dR}{da_{12}} &= \frac{d^2 R}{da_{12}\, da_{33}} \, \frac{d^2 R}{da_{13}\, da_{23}} + \frac{d^2 R}{da_{13}\, da_{23}}\, \frac{d^2 R}{da_{11}\, da_{23}}.
\end{aligned}$$

Première hypothèse. $\dfrac{d^2 R}{da_{13}\, da_{23}}$ est différent de zéro.

40. L'équation (9) pourra s'écrire de la manière sui-

(55)

vante, en formant le carré par rapport à la variable y_1,

$$z_1^2 V \frac{d^2 R}{da_{22} da_{33}} = Y_1^2 + \left[\frac{d^2 R}{da_{23} da_{22}} \frac{d^2 R}{da_{13} da_{11}} - \left(\frac{d^2 R}{da_{33} da_{12}}\right)^2\right] y_2^2$$

$$+ \left[\frac{d^2 R}{da_{13} da_{22}} \frac{d^2 R}{da_{11} da_{22}} - \left(\frac{d^2 R}{da_{22} da_{13}}\right)^2\right] y_3^2$$

$$- 2\left[\frac{d^2 R}{da_{22} da_{33}} \frac{d^2 R}{da_{11} da_{23}} + \frac{d^2 R}{da_{22} da_{13}} \frac{d^2 R}{da_{33} da_{12}}\right] y_2 y_3,$$

où

$$Y_1 = \frac{d^2 R}{da_{22} da_{33}} y_1 - \frac{d^2 R}{da_{13} da_{12}} y_2 - \frac{d^2 R}{da_{22} da_{13}} y_3;$$

et si l'on a égard aux relations (12), elle prendra la forme
définitive

$$(13) \qquad
\begin{aligned}
& z_1^2 V \frac{d^2 R}{da_{22} da_{33}} \\
& = Y_1^2 + \varphi_0 \left(\frac{dR}{da_{33}} y_2^2 - 2\frac{dR}{da_{23}} y_2 y_3 + \frac{dR}{da_{22}} y_3^2\right).
\end{aligned}$$

Nous distinguerons alors plusieurs cas.

41. PREMIER CAS. $\dfrac{dR}{da}$ est *différent de zéro*.

Il viendra, en formant le carré par rapport à y_2,

$$z_1^2 V \frac{d^2 R}{da_2 da_3} = Y_1^2 + \varphi_0 \frac{dR}{da_3} Y_2^2 + \varphi_0 \frac{\dfrac{dR}{da_{22}} \dfrac{dR}{da_{33}} - \left(\dfrac{dR}{da_{23}}\right)^2}{\dfrac{dR}{da_{33}}} y_3^2,$$

après avoir posé

$$\frac{dR}{da} Y_2 = \frac{dR}{da_3} y_2 - \frac{dR}{da_2} y_3.$$

Enfin, si l'on a égard à l'identité

$$(14) \qquad R \frac{d^2 R}{da \, da} - \frac{dR}{da} \frac{dR}{da} \quad \left(\frac{dR}{da}\right),$$

l'équation précédente s'écrira

$$(15) \quad \alpha_1^2 V \frac{d^2 R}{da_{22}\, da_{33}} = Y_1^2 + \varphi_0 \frac{dR}{da_{33}} Y_2^2 + \varphi_0 \frac{R \dfrac{d^2 R}{da_{22}\, da_{33}}}{\dfrac{dR}{da_{33}}} y_3^2.$$

Or, pour que le second membre de cette équation ne puisse pas s'annuler, il faut et il suffit que tous les termes soient positifs, puisque le premier est essentiellement positif. En effet, il ne pourrait alors devenir nul que pour $y_1 = y_2 = y_3 = o$, ce qu'on ne saurait admettre, car, dans ce cas, les équations (1) et (2) seraient incompatibles; et l'on sait qu'il passe toujours une droite par un point donné.

Donc, pour que le point soit intérieur lorsque

$$\frac{d^2 R}{da_{22}\, da_{33}} < o \quad \text{et} \quad \frac{dR}{da_{33}} > o,$$

il faut et il suffit qu'on ait :

$$1^o. \qquad \varphi_0 \frac{dR}{da_{33}} > o;$$

$$2^o. \qquad R \frac{d^2 R}{da_{22}\, da_{33}} > o.$$

42. Second cas. $\dfrac{dR}{da_{33}}$ *est nul.*

L'équation (13) donne alors

$$\alpha_1^2 V \frac{d^2 R}{da_{22}\, da_{33}} = Y_1^2 + \varphi_0 \left(\frac{dR}{da_{22}} y_3^2 - 2 \frac{dR}{da_{23}} y_2 y_3 \right);$$

ou, en ordonnant par rapport à y_3,

$$(16) \quad \alpha_1^2 V \frac{d^2 R}{da_{22}\, da_{33}} = Y_1 + \varphi_0 \frac{dR}{da_{22}} Y_2^2 + \varphi_0 \frac{\left(\dfrac{dR}{da_{23}} \right)}{\dfrac{dR}{da_{22}}} y_3^2$$

Ici

$$\frac{d\,R}{da_{22}}\,Y_1 = \frac{d\,R}{da_{22}}\,y_3 - \frac{d\,R}{da_{23}}\,y_2.$$

On voit que le second membre de l'équation (16) contiendra toujours un terme négatif, tant que $\dfrac{d\,R}{da_{23}}$ ne sera pas nul, et, par suite, il sera toujours possible de l'annuler.

Soit

$$\frac{d\,R}{da_{23}} = o\,;$$

la relation (14) nous montre que R et $\dfrac{d\,R}{da_{23}}$ sont nuls en même temps, puisqu'on a supposé $\dfrac{d^2\,R}{da_{22}\,da_{33}}$ différent de zéro. L'équation (16) se réduit alors à

$$(17) \qquad y_1^2\,V\,\frac{d^2\,R}{da_{22}\,da_{33}} = Y_1^2 + \varphi_0\,\frac{d\,R}{da_{22}}\,Y_2^2.$$

Le point sera intérieur si, $\dfrac{d\,R}{da_{22}}$ n'étant pas nul, le produit $\varphi_0\,\dfrac{d\,R}{da_{22}}$ est positif; si $\dfrac{d\,R}{da_{22}}$ était nul, on pourrait évidemment annuler le second membre de l'équation (17).

Donc, pour que le point soit intérieur lorsque

$$\frac{d^2\,R}{da_{22}\,da_{33}} > o$$

et

$$\frac{d\,R}{da_{33}} = o,$$

il faut et il suffit qu'on ait :

1°. $\qquad\qquad\qquad R = o$

2°. $\qquad\qquad\qquad \varphi_0\,\dfrac{d\,R}{da_{22}} > o$

SECONDE HYPOTHÈSE. $\dfrac{d^2 R}{da_{22}\, da_{33}}$ *est nul et* $\dfrac{d^2 R}{da_{11}\, da_{33}}$

est différent de zéro.

43. L'équation (9) donne, en formant le carré par rapport à y_2,

$$\alpha_1^2\, V\, \frac{d^2 R}{da_{11}\, da_{33}} = Y_1^2$$

$$- \left(\frac{d^2 R}{da_{33}\, da_{12}} \right)^2 y_1^2 + \left[\frac{d^2 R}{da_{11}\, da_{33}}\, \frac{d^2 R}{da_{11}\, da_{22}} - \left(\frac{d^2 R}{da_{12}\, da_{23}} \right)^2 \right] y_2^2$$

$$- 2 \left[\frac{d^2 R}{da_{11}\, da_{33}}\, \frac{d^2 R}{da_{22}\, da_{13}} + \frac{d^2 R}{da_{33}\, da_{12}}\, \frac{d^2 R}{da_{11}\, da_{13}} \right] y_1 y_2,$$

ou

$$(18) \qquad Y_1 = \frac{d^2 R}{da_{11}\, da_{33}}\, y_2 - \frac{d^2 R}{da_{13}\, da_{12}}\, y_1 - \frac{d^2 R}{da_{11}\, da_{23}}\, y_3;$$

et, en ayant égard aux relations (12),

$$(18) \quad \left\{ \begin{aligned} &\alpha_4^2\, V\, \frac{d^2 R}{da_{11}\, da_{33}} \\ &= Y_1^2 + \varphi_0 \left(\frac{d R}{da_{33}}\, y_1^2 - 2\, \frac{d R}{da_{13}}\, y_1 y_3 + \frac{d R}{da_{11}}\, y_3^2 \right). \end{aligned} \right.$$

Or, de la première des identités (12), il résulte que $\varphi_0 \dfrac{d R}{da_{33}}$ est négatif; par conséquent, le second membre de l'équation (18) renfermera toujours un carré précédé du signe moins; et, par suite, ce second membre pourra toujours s'annuler tant que $\dfrac{d R}{da}$ ne sera pas nul.

Soit donc

$$\frac{d R}{da_{33}} = 0,$$

d'où il suit (12)

$$\frac{d^2 R}{da_3 \, da_2} = 0,$$

et réciproquement; l'équation (18) devient

$$z_1^2 V \frac{d^2 R}{da_1 \, da} = Y_1^2 + \varphi_0 \left(\frac{dR}{da_1} y^2 - 2 \frac{dR}{da_1} y_1 y \right)$$

ou bien encore

$$(19) \qquad a_1^2 V \frac{d^2 R}{da_1 \, da} = Y_1 + \varphi_0 \frac{dR}{da_1} Y_2 - \varphi_0 \frac{\left(\frac{dR}{da_1} \right)^2}{\frac{dR}{da_1}} y_1^2.$$

On voit que le second membre de cette dernière équa-tion contiendra toujours un terme négatif tant que $\frac{dR}{da}$ ne sera pas nul, et dès lors on pourra l'annuler.

Soit

$$\frac{dR}{da} = 0;$$

cette hypothèse jointe à

$$\frac{dR}{da} = 0,$$

et introduite dans la formule

$$(20) \qquad R \frac{d^2 R}{da_1 \, da_2} - \frac{dR}{da_1} \frac{dR}{da} - \left(\frac{dR}{da} \right)^2,$$

donne

$$(21) \qquad R = 0;$$

et l'équation (19) se réduit à

$$(22) \qquad z^2 V \frac{d^2 R}{da_1 \, da} = Y_1 + \varphi \frac{dR}{da_1} Y_2$$

Le point sera intérieur si, $\dfrac{d\,\mathrm{R}}{da_{11}}$ n'étant pas nul, le pro-
duit $\varphi_0\,\dfrac{d\,\mathrm{R}}{da_{11}}$ est positif; si $\dfrac{d\,\mathrm{R}}{da_{11}}$ était nul, on pourrait évidemment annuler le second membre de l'équation (22).
Donc, pour que le point soit intérieur lorsque

$$\frac{d^2\mathrm{R}}{da_{22}\,da_{33}}=0 \quad \text{et} \quad \frac{d^2\mathrm{R}}{da_{11}\,da_{33}}\gtrless 0,$$

il faut et il suffit que :

$$1^o.\qquad \frac{d\,\mathrm{R}}{da_{33}}=0,$$

$$2^o.\qquad \mathrm{R}=0,$$

$$3^o.\qquad \varphi_0\,\frac{d\,\mathrm{R}}{da_{11}}>0.$$

Troisième hypothèse.

$$\frac{d^2\mathrm{R}}{da_{22}\,da_{33}}=0,\qquad \frac{d^2\mathrm{R}}{da_{11}\,da_{33}}=0,\qquad \frac{d^2\mathrm{R}}{da_{11}\,da_{22}}\ \textit{différent de zéro.}$$

43. L'équation (9) donne, en ordonnant par rapport
à Y_3,

$$(23)\quad\left\{\begin{aligned}
&\alpha_4^2\,\mathrm{V}\,\frac{d^2\mathrm{R}}{da_{11}\,da_{22}}\\
&= \mathrm{Y}_1^2 - \left(\frac{d^2\mathrm{R}}{da_{22}\,da_{13}}\right)^2 y_1^2 - \left(\frac{d^2\mathrm{R}}{da_{11}\,da_{23}}\right)^2 y_2^2\\
&- 2 y_1 y_2\left[\frac{d^2\mathrm{R}}{da_{11}\,da_{22}}\,\frac{d^2\mathrm{R}}{da_{33}\,da_{12}} + \frac{d^2\mathrm{R}}{da_{22}\,da_{13}}\,\frac{d^2\mathrm{R}}{da_{11}\,da_{23}}\right];
\end{aligned}\right.$$

après avoir posé

$$\mathrm{Y}_1 = \frac{d^2\mathrm{R}}{da_{11}\,da_{22}}\,y - \frac{d^2\mathrm{R}}{da_{22}\,da_{13}}\,y_1 - \frac{d^2\mathrm{R}}{da_{11}\,da_{23}}\,y_2$$

Or les relations (12) conduisent à

$$\varphi_0 \frac{d\,R}{da_{22}} = -\left(\frac{d^2\,R}{da_{22}\,da_{13}}\right)^2,$$

$$\varphi_0 \frac{d\,R}{da_{11}} = -\left(\frac{d^2\,R}{da_{11}\,da_{23}}\right);$$

ce qui montre que $\varphi_0 \dfrac{d\,R}{da_{22}}$ et $\varphi_0 \dfrac{d\,R}{da_{11}}$ sont négatifs.

On voit, d'un autre côté, qu'il sera toujours possible d'annuler le second membre de l'équation (23).

Ainsi, dans cette dernière hypothèse, le point ne saurait être intérieur.

Résumé.

44. Si $\dfrac{\alpha_1}{\alpha_4}, \dfrac{\alpha_2}{\alpha_4}, \dfrac{\alpha_3}{\alpha_4}$, sont les coordonnées d'un point, et si les quantités A_1, A_2, A_3, A_4, φ_0 et R sont définies par les équations (4) et (8),

Pour que *ce point soit intérieur*, il faut et il suffit que :

I°. Si $\dfrac{d\,R}{da} \gtrless 0$, on ait (en même temps)

$$\left\{\begin{array}{l} \varphi_0 \dfrac{d\,R}{da_{33}} > 0, \\[2em] R \dfrac{d^2\,R}{da_{22}\,da_{13}} > 0. \end{array}\right.$$

II°. Si $\dfrac{d\,R}{da} = 0$, il faut qu'on ait

$$\left\{\begin{array}{l} \text{d'abord} \qquad R = 0, \\[1em] \text{puis} \left\{\begin{array}{ll} \varphi_0 \dfrac{d\,R}{da_{22}} > 0, & \text{si } \dfrac{d^2\,R}{da_{22}\,da_{33}} \gtrless 0, \\[1.5em] \text{ou} & \\[1em] \varphi_0 \dfrac{d\,R}{da_{11}} > 0, & \text{si } \dfrac{d^2\,R}{da_{22}\,da} = 0. \end{array}\right. \end{array}\right.$$

Lorsque φ_0 est nul, le point est *sur la surface*; dans toutes les autres circonstances, le point est *extérieur*.

§ III. — *Intersection d'un plan avec une surface du second ordre.*

45. Soient

$$(1)\quad \left\{ \begin{aligned} &a_{11}x_1^2 + a_{22}x_2^2 + a_{33}x_3^2 + a_{44}x_4^2 + 2a_{12}x_1x_2 + 2a_{13}x_1x_3 \\ &+ 2a_{14}x_1x_4 + 2a_{23}x_2x_3 + 2a_{24}x_2x_4 + 2a_{34}x_3x_4 \end{aligned} \right\} = 0,$$

l'équation d'une surface du second ordre, et

$$(2)\qquad m_1x_1 + m_2x_2 + m_3x_3 + m_4x_4 = 0$$

l'équation d'un plan.

L'élimination successive de x_1 et x_2 entre les équations (1) et (2) donnera les projections de la courbe d'intersection sur les plans des $x_2 x_3$ et $x_1 x_3$.

On trouvera ainsi, après avoir posé

$$(3)\qquad T = \begin{vmatrix} a_{11} & a_{12} & a_{13} & a_{14} & m_1 \\ a_{21} & a_{22} & a_{23} & a_{24} & m_2 \\ a_{31} & a_{32} & a_{33} & a_{34} & m_3 \\ a_{41} & a_{42} & a_{43} & a_{44} & m_4 \\ m_1 & m_2 & m_3 & m_4 & 0 \end{vmatrix} \qquad \text{où}\quad a_{r,s} = a_{s,r},$$

pour la projection sur le plan des $x_2 x_3$,

$$(4)\quad \left\{ \begin{aligned} &\frac{d^2T}{da_{33}\,da_{44}}x_2^2 + \frac{d^2T}{da_{44}\,da_{22}}x_3 + \frac{d^2T}{da\ldots da\ldots}x \\ &- 2\frac{d^2T}{da\ldots da\ldots}x_2x_3 - 2\frac{d^2T}{da\ldots da\ldots}x_2x_3 \\ &- \frac{d^2T}{da\ldots da\ldots}x_2x_3 = 0, \end{aligned} \right.$$

et pour la projection sur le plan des $x_1 x_3$.

$$(5) \quad \left\{ \begin{aligned} &\frac{d^2T}{da_{33}\, da_{11}} x_1^2 + \frac{d^2T}{da_{13}\, da_{11}} x_3^2 + \frac{d^2T}{da_{11}\, da_{33}} c^2 \\ &- 2\frac{d^2T}{da_{13}\, da_{11}} x_1 x_3 - 2\frac{d^2T}{da_{13}\, da_{11}} x_1 x_3 \\ &- 2\frac{d^2T}{da_{13}\, da_{13}} x_1 x_3 = 0. \end{aligned} \right.$$

46. Je vais donner d'abord les développements des coefficients de ces deux équations

$$(6) \quad \left\{ \begin{aligned} \frac{d^2T}{da_{23}\, da_{11}} &= - a_{11} m_2^2 - a_{22} m_1^2 + 2 a_{12} m_1 m_2, \\ \frac{d^2T}{da_{22}\, da_{11}} &= - a_{11} m_3^2 - a_{33} m_1^2 + 2 a_{13} m_1 m_3, \\ \frac{d^2T}{da_{11}\, da_{4}} &= - a_{22} m_3^2 - a_{33} m_2^2 + 2 a_{23} m_2 m_3, \\ \frac{d^2T}{da_{22}\, da_{33}} &= - a_{11} m_4^2 - a_{44} m_1^2 + 2 a_{14} m_1 m_4, \\ \frac{d^2T}{da_{1}\, da_{2}} &= - a_{22} m_4^2 - a_{44} m_2^2 + 2 a_{24} m_2 m_4. \end{aligned} \right.$$

$$\frac{d^2T}{da_{2}\, da_{1}} = a_{11} m_2 m_3 + a_{23} m_1^2 - a_{12} m_1 m_3 - a_{13} m_1 m_2,$$

$$\frac{d^2T}{da_{1}\, da_{1}} = a_{22} m_1 m_3 + a_{13} m_2^2 - a_{12} m_2 m_3 - a_{23} m_1 m_2,$$

$$\frac{d^2T}{da_{21}\, da_{33}} = a_{33} m_1 m_2 + a_{13} m_3^2 - a_{12} m_1 m_4 - a_{14} m_1 m_3,$$

$$\frac{d^2T}{da_{1}\, da_{22}} = a_{12} m_1 m_3 + a_{13} m_2^2 - a_{12} m_2 m_4 - a_{24} m_1 m_3,$$

$$\frac{d^2T}{da_{31}\, da_{22}} = a_{11} m_3 m_4 + a_{34} m_1^2 - a_{13} m_1 m_4 - a_{14} m_1 m_3,$$

$$\frac{d^2T}{da_{\cdot}\, da_{\cdot}} = a_{\cdot} m_\cdot m_\cdot + a_{\cdot} m_\cdot^2 - a_\cdot m_\cdot m_\cdot - a_\cdot m_\cdot m_\cdot$$

$$(\ 64 \ )$$

Les relations d'identité que je vais écrire se déduisent des formules générales

$$(7) \quad \begin{cases} P \dfrac{d^2 P}{da_{rs}\, da_{r_1 s_1}} = \dfrac{dP}{da_{rs}} \dfrac{dP}{da_{r_1 s_1}} - \dfrac{dP}{da_{rs_1}} \dfrac{dP}{da_{r_1 s}}, \\[2ex] \dfrac{d^2 P}{da_{rs}\, da_{r_1 s_1}} = - \dfrac{d^2 P}{da_{rs_1}\, da_{r_1 s}}. \end{cases}$$

On a en premier lieu

$$(8) \quad \begin{cases} T \dfrac{d^2 T}{da_{33}\, da_{44}} = \dfrac{dT}{da_{33}} \dfrac{dT}{da_{44}} - \left(\dfrac{dT}{da_{34}} \right)^2, \\[2ex] T \dfrac{d^2 T}{da_{22}\, da_{44}} = \dfrac{dT}{da_{22}} \dfrac{dT}{da_{44}} - \left(\dfrac{dT}{da_{24}} \right)^2, \\[2ex] T \dfrac{d^2 T}{da_{11}\, da_{44}} = \dfrac{dT}{da_{11}} \dfrac{dT}{da_{44}} - \left(\dfrac{dT}{da_{14}} \right)^2, \\[2ex] T \dfrac{d^2 T}{da_{22}\, da_{33}} = \dfrac{dT}{da_{22}} \dfrac{dT}{da_{33}} - \left(\dfrac{dT}{da_{23}} \right)^2, \\[2ex] T \dfrac{d^2 T}{da_{11}\, da_{33}} = \dfrac{dT}{da_{11}} \dfrac{dT}{da_{33}} - \left(\dfrac{dT}{da_{13}} \right)^2, \\[2ex] T \dfrac{d^2 T}{da_{11}\, da_{22}} = \dfrac{dT}{da_{11}} \dfrac{dT}{da_{22}} - \left(\dfrac{dT}{da_{12}} \right)^2. \end{cases}$$

On a, en second lieu,

$$(9) \quad \begin{cases} - m_1^2 \dfrac{dT}{da_{44}} = \dfrac{d^2 T}{da_{44}\, da_{33}} \dfrac{d^2 T}{da_{44}\, da_{22}} - \left(\dfrac{d^2 T}{da_{44}\, da_{23}} \right)^2, \\[2ex] - m_1^2 \dfrac{dT}{da_{44}} = \dfrac{d^2 T}{da_{33}\, da_{44}} \dfrac{d^2 T}{da_{44}\, da_{22}} - \left(\dfrac{d^2 T}{da_{33}\, da_{24}} \right)^2, \\[2ex] - m_1^2 \dfrac{dT}{da_{44}} = \dfrac{d^2 T}{da_{33}\, da_{44}} \dfrac{d^2 T}{da_{42}\, da_{33}} + \dfrac{d^2 T}{da_{44}\, da_{23}} \dfrac{d^2 T}{da_{33}\, da_{24}}. \end{cases}$$

$$(10) \quad \begin{cases} - m_1^2 \dfrac{dT}{da_{22}} = \dfrac{d^2 T}{da_{22}\, da_{33}} \dfrac{d^2 T}{da_{22}\, da_{44}} - \left(\dfrac{d^2 T}{da_{22}\, da_{34}} \right)^2, \\[2ex] - m_1^2 \dfrac{dT}{da_{24}} = \dfrac{d^2 T}{da_{22}\, da_{44}} \dfrac{d^2 T}{da_{33}\, da_{24}} + \dfrac{d^2 T}{da_{22}\, da_{34}} \dfrac{d^2 T}{da_{44}\, da_{23}}, \\[2ex] - m_1^2 \dfrac{dT}{da_{2}} = \dfrac{d^2 T}{da_{22}\, da_{44}} \dfrac{d^2 T}{da_{44}\, da_{23}} + \dfrac{d^2 T}{da_{22}\, da_{44}} \dfrac{d^2 T}{da_{33}\, da_{24}}. \end{cases}$$

$$
\begin{aligned}
&-m_2^2\,\frac{d\,T}{da} = \frac{d\,T}{da\,da}\,\frac{d\,T}{da\,da} - \left(\frac{d^2 T}{da\,da}\right)^2; \\[4pt]
(11)\quad &-m_2^2\,\frac{d\,T}{da} = \frac{d^2 T}{da\,da}\,\frac{d^2 T}{da\,da} - \left(\frac{d^2 T}{da\,da}\right)^2, \\[4pt]
&-m_2^2\,\frac{d\,T}{da} = \frac{d^2 T}{da\,da}\,\frac{d^2 T}{da\,da} + \frac{d^2 T}{da\,da}\,\frac{d^2 T}{da\,da};
\end{aligned}
$$

$$
\begin{aligned}
&-m\,\frac{d\,T}{da} = \frac{d^2 T}{da\,da}\,\frac{d^2 T}{da\,da} - \left(\frac{d^2 T}{da\,da}\right)^2, \\[4pt]
(12)\quad &-m_2\,\frac{d\,T}{da} = \frac{d^2 T}{da\,da}\,\frac{d^2 T}{da\,da} + \frac{d^2 T}{da\,da}\,\frac{d^2 T}{da\,da}, \\[4pt]
&m_2\,\frac{d\,T}{da} = \frac{d^2 T}{da\,da}\,\frac{d^2 T}{da\,da} + \frac{d^2 T}{da\,da}\,\frac{d^2 T}{da\,da};
\end{aligned}
$$

$$
(13)\quad -m_2^2\,\frac{d\,T}{da} = \frac{d^2 T}{da\,da}\,\frac{d^2 T}{da\,da} - \left(\frac{d^2 T}{da\,da}\right)^2.
$$

Enfin je rappellerai les relations suivantes qui résultent de la propriété fondamentale des déterminants :

$$
\begin{aligned}
&m\,\frac{d\,T}{da} + m\,\frac{d\,T}{da} + m\,\frac{d\,T}{da} + m\,\frac{d\,T}{da} = 0, \\[4pt]
&m\,\frac{d\,T}{da} + m\,\frac{d\,T}{da} + m\,\frac{d\,T}{da} + m\,\frac{d\,T}{da} = 0, \\[4pt]
(14)\quad &m\,\frac{d\,T}{da} + m_2\,\frac{d\,T}{da} + m\,\frac{d\,T}{da} + m\,\frac{d\,T}{da} = 0, \\[4pt]
&m\,\frac{d\,T}{da} + m_2\,\frac{d\,T}{da} + m\,\frac{d\,T}{da} + m\,\frac{d\,T}{da} = 0;
\end{aligned}
$$

$$
\begin{aligned}
&m\,\frac{d^2 T}{da\,da} + m\,\frac{d^2 T}{da\,da} + m\,\frac{d^2 T}{da\,da} = 0, \\[4pt]
(15)\quad &m\,\frac{d^2 T}{da\,da} + m\,\frac{d^2 T}{da\,da} + m\,\frac{d^2 T}{da\,da} = 0, \\[4pt]
&m\,\frac{d^2 T}{da\,da} + m\,\frac{d^2 T}{da\,da} + m\,\frac{d^2 T}{da\,da} = 0
\end{aligned}
$$

Ces préliminaires étant posés, nous allons discuter les équations (4) et (5).

PREMIÈRE HYPOTHÈSE. $\dfrac{d^2 T}{da_{33}\, da_{44}}$ *est différent de zéro.*

47. En formant dans l'équation (4) le carré par rapport à la variable x_2, on obtiendra

$$\left. \begin{aligned}
X_1^2 &+ \left[\frac{d^2 T}{da_{33}\, da_{44}}\, \frac{d^2 T}{da_{22}\, da_{44}} - \left(\frac{d^2 T}{da_{44}\, da_{23}} \right)^2 \right] x_3^2 \\
&+ \left[\frac{d^2 T}{da_{33}\, da_{44}}\, \frac{d^2 T}{da_{33}\, da_{22}} - \left(\frac{d^2 T}{da_{33}\, da_{24}} \right)^2 \right] x_4^2 \\
&- 2 \left[\frac{d^2 T}{da_{33}\, da_{44}}\, \frac{d^2 T}{da_{22}\, da_{34}} + \frac{d^2 T}{da_{44}\, da_{23}}\, \frac{d^2 T}{da_{33}\, da_{24}} \right] x_3\, x_4
\end{aligned} \right\} = 0,$$

après avoir posé

$$X_1 = \frac{d^2 T}{da_{33}\, da_{44}}\, x_2 - \frac{d^2 T}{da_{44}\, da_{23}}\, x_3 - \frac{d^2 T}{da_{33}\, da_{24}}\, x_4;$$

ou bien, en ayant égard aux relations (9),

$$(16)\quad X_1^2 - m_1^2 \left(\frac{dT}{da_{44}}\, x_3^2 - 2\, \frac{dT}{da_{34}}\, x_3\, x_4 + \frac{dT}{da_{33}}\, x_4^2 \right) = 0.$$

Nous supposerons toujours que m_1 et m_2 ne sont pas nuls; ce n'est qu'à la fin de la discussion que nous étudierons ce cas exceptionnel.

PREMIER CAS. $\dfrac{dT}{da_{34}}$ *est différent de zéro.*

En formant le carré par rapport à x_3 et en posant

$$\frac{dT}{da_{34}}\, X_1 = \frac{dT}{da_{44}}\, x_3 - \frac{dT}{da_{34}}\, x_4,$$

l'équation (16) pourra s'écrire

$$X_1^2 - m_1^2\, \frac{dT}{da_{44}}\, X_1^2 - m_1^2\, \frac{\dfrac{dT}{da_{33}}\, \dfrac{dT}{da_{44}} - \left(\dfrac{dT}{da_{34}} \right)^2}{\dfrac{dT}{da_{44}}}\, x_4^2 = 0,$$

ou bien, d'après la première des relations (8),

$$(17) \qquad X_1^2 - m_1^2 \frac{dT}{da_{44}} X_3^2 - m_1^2 \frac{T \dfrac{d^2T}{da_{33}\,da_{44}}}{\dfrac{dT}{da_{44}}} x_1^2 = 0.$$

De cette dernière équation, nous conclurons que

$$(I) \qquad \frac{d^2T}{da_{33}\,da_{44}} \quad et \quad \frac{dT}{da_{44}} \quad \textit{étant différents de zéro}$$

Si $\dfrac{dT}{da_{44}} > 0$,
$\begin{cases} \text{il y a } \textit{intersection}, & \text{lorsque } T > 0, \\ \text{il y a } \textit{tangence}, & \text{lorsque } T = 0, \end{cases}$

Si $\dfrac{dT}{da_{44}} < 0$,
$\begin{cases} \text{il y a } \textit{non-intersec.}, & \text{lorsque } T\,\dfrac{d^2T}{da_{33}\,da_{44}} > 0, \\ \text{il y a } \textit{intersection}, & \text{lorsque } T\,\dfrac{d^2T}{da_{33}\,da_{44}} < 0, \\ \text{il y a } \textit{tangence}, & \text{lorsque } T = 0. \end{cases}$

Le contact résulte de ce que l'hypothèse $T = 0$, introduite dans l'équation de la projection sur le plan des $x_1 x_3$, donne aussi un point ou deux droites qui se coupent ; car si l'on fait subir à l'équation (5) les transformations que nous venons d'effectuer, les coefficients de x_1^2 ne différeront que par le changement de m_1 en m_2.

48. Lorsqu'il y a tangence, les coordonnées du point de contact sont données par les équations :

$$\begin{cases} m_1 x_1 + m_2 x_2 + m_3 x_3 + m_4 x_4 = 0, \\[2mm] \dfrac{d^2T}{da_{34}\,da_{44}} x_2 - \dfrac{d^2T}{da_{44}\,da_{23}} x_3 - \dfrac{d^2T}{da_{34}\,da_{24}} x_4 = 0, \\[2mm] \dfrac{dT}{da_{23}} x_3 - \dfrac{dT}{da_{24}} x_4 = 0. \end{cases}$$

Par des transformations faciles, reposant sur les relations d'identité que j'ai établies d'abord, on arrive aux valeurs suivantes :

$$(18) \qquad x_1 = \frac{dT}{da_{14}}, \quad x_2 = \frac{dT}{da_{24}}, \quad x_3 = \frac{dT}{da_{34}}, \quad x_4 = \frac{dT}{da_{44}}.$$

49. Deuxième cas. $\dfrac{dT}{da_{44}}$ *est nul.*

L'équation (16) devient alors

$$(19) \qquad X_1^2 - m_1^2 \left(\frac{dT}{da_{33}} x_4^2 - 2 \frac{dT}{da_{34}} x_3 x_4 \right) = 0,$$

et la première des identités (8) donne

$$(20) \qquad T \frac{d^2 T}{da_{33}\, da_{44}} = - \left(\frac{dT}{da_{34}} \right)^2.$$

Si $\dfrac{dT}{da_{34}}$ est différent de zéro, il en sera de même de T, et réciproquement ; et ces deux expressions s'annuleront en même temps, car $\dfrac{d^2 T}{da_{33}\, da_{14}}$ a été supposé différent de zéro.

Lorsque T n'est pas nul, l'équation (19) nous montre qu'il y a intersection. Lorsque T est nul, l'équation (19) se réduit, d'après la remarque que nous venons de faire, à

$$X_1^2 - m_1^2 \frac{dT}{da_{33}} x_4^2 = 0;$$

mais alors la projection sur le plan des $x_1\, x_3$ a pour équation

$$X_1'^2 - m_2^2 \frac{dT}{da_{33}} x_4^2 = 0,$$

en représentant par X'_1 la fonction linéaire

$$\frac{d^2 T}{da_{31}\, da_{14}} x_1 - \frac{d^2 T}{da_{32}\, da_{14}} x_2 - \frac{d^2 T}{da_{33}\, da_{14}} x_3,$$

De là nous concluons que

(II) $\quad \frac{d^2T}{da_{34}\,da_{44}}$ *étant différent de zéro et* $\frac{dT}{da_{44}}$ *nul :*

Si $\quad T > 0$, $\qquad$ il y a *intersection ;*

Si $\quad T = 0$, $\quad$ il y a *non-intersection*, lorsque $\frac{dT}{da_{33}} < 0$.
il y a *intersection*, $\qquad$ lorsque $\frac{dT}{da_{33}} > 0$
il y a *tangence*, $\qquad$ lorsque $\frac{dT}{da_{33}} = 0$.

Dans le cas où T est nul, l'intersection se compose de deux droites parallèles, et le contact a lieu suivant une droite qui a pour équations

$$(21)\quad \begin{cases} \frac{d^2T}{da_{24}\,da_{44}}x_2 - \frac{d^2T}{da_{44}\,da_{23}}x_3 - \frac{d^2T}{da_{44}\,da_{24}}x_4 = 0, \\ \frac{d^2T}{da_{34}\,da_{44}}x_1 - \frac{d^2T}{da_{44}\,da_{34}}x_3 - \frac{d^2T}{da_{33}\,da_{44}}x_4 = 0. \end{cases}$$

Seconde hypothèse.

$\frac{d^2T}{da_{34}\,da_{44}}$ *est nul et* $\frac{d^2T}{da_{24}\,da_{44}}$ *différent de zéro.*

50. Si l'on remonte à l'équation (4) et qu'on forme le carré par rapport à x_3, il vient

$$X_1^2 - \left(\frac{d^2T}{da_{44}\,da_{24}}\right)^2 x_2^2 + \left[\frac{d^2T}{da_{22}\,da_{44}}\,\frac{d^2T}{da_{33}\,da_{44}} - \left(\frac{d^2T}{da_{23}\,da_{44}}\right)^2\right] x_3^2$$
$$- 2\left[\frac{d^2T}{da_{22}\,da_{44}}\,\frac{d^2T}{da_{34}\,da_{44}} + \frac{d^2T}{da_{44}\,da_{24}}\,\frac{d^2T}{da_{23}\,da_{44}}\right] x_2 x_3 = 0,$$

après avoir posé

$$X_1 = \frac{d^2T}{da_{24}\,da_{44}}x_1 - \frac{d^2T}{da_{44}\,da_{24}}x_2 - \frac{d^2T}{da_{24}\,da_{44}}x_4.$$

Or la première des identités (9) devient

$$(22) \qquad m_1^2 \frac{dT}{da_{44}} = \left(\frac{d^2T}{da_{44}\, da_{23}} \right)^2,$$

ce qui nous montre que $\dfrac{dT}{da_{44}}$ est essentiellement positif.

Si l'on fait intervenir les relations (10) et (22), l'équation précédente deviendra

$$(23) \qquad X_1^2 - m_1^2 \left(\frac{dT}{da_{44}} x_2^2 - 2 \frac{dT}{da_{24}} x_2 x_4 + \frac{dT}{da_{22}} x_4^2 \right) = 0.$$

PREMIER CAS. $\dfrac{dT}{da_{44}}$ est *différent de zéro*.

Si l'on pose

$$\frac{dT}{da_{44}} X_2 = \frac{dT}{da_{44}} x_2 - \frac{dT}{da_{24}} x_4,$$

puis qu'on ait égard à la seconde des relations (8), l'équation (23) pourra s'écrire

$$X_1^2 - m_1^2 \frac{dT}{da_{44}} X_2^2 - m_1^2 \frac{T \dfrac{d^2T}{da_{22}\, da_{44}}}{\dfrac{dT}{da_{44}}} x_4^2 = 0.$$

Nous avons déjà remarqué que $\dfrac{dT}{da_{44}}$ était positif; nous voyons donc, à l'inspection de cette dernière équation, qu'il y aura intersection tant que T sera différent de zéro et tangence lorsqu'il sera nul. D'où

(III) $\dfrac{d^2T}{da_{23}\, da_{44}}$ *étant nul, et* $\dfrac{dT}{da_{44}}$ *différent de zéro, et alors il*

est positif :

$\begin{cases} \text{Il y a } \textit{intersection, } \text{lorsque T} > 0, \\ \text{Il y a } \textit{tangence, } \quad \text{lorsque T} = 0 \end{cases}$

51. Deuxième cas. $\dfrac{dT}{da_{24}}$ *est nul*

L'équation (23) devient

$$(24) \qquad X_1^2 - m_1 \left(\frac{dT}{da_{22}} x_2^2 - 2 \frac{dT}{da_{24}} x_2 x_4 \right) = 0.$$

La seconde des identités (8) donne

$$(25) \qquad T \frac{d^2 T}{da_{22} \, da_{44}} = - \left(\frac{dT}{da_{24}} \right)^2.$$

Par suite, T et $\dfrac{dT}{da_{24}}$ s'annuleront en même temps, car $\dfrac{d^2 T}{da_{22} \, da_{44}}$ est différent de zéro, par hypothèse. Si T n'est pas nul, on voit qu'il y a intersection.

Si

$$T = 0, \quad \text{d'où} \quad \frac{dT}{da_{24}} = 0,$$

on déduit d'abord de la relation (22)

$$\frac{d^2 T}{da_{44} \, da_{22}} = 0 ;$$

de la seconde des relations (10)

$$\frac{d^2 T}{da_{22} \, da_{24}} = 0 ;$$

et enfin de la seconde des relations (9)

$$(26) \qquad \frac{dT}{da_{2}} = 0.$$

En outre la première des relations (8) et la première des

relations (14) donneront successivement

$$\frac{dT}{da_{31}} = 0, \quad \frac{dT}{da_{11}} = 0;$$

ce qui nous conduit aux équations suivantes pour les projections de la courbe d'intersection sur les plans des $x_2 x_3$ et $x_1 x_3$:

$$(27) \quad \begin{cases} X_1^2 - m_1^2 \dfrac{dT}{da_{22}} x_4^2 = 0, \\[2ex] X'^2_1 - m_2^2 \dfrac{dT}{da_{11}} x_3^2 = 0 \end{cases}$$

Or la dernière des identités (8) nous donne

$$\frac{dT}{da_{11}} \frac{dT}{da_{22}} = \left(\frac{dT}{da_{12}} \right)^2,$$

puisque $T = 0$; ceci nous indique que $\dfrac{dT}{da_{22}}$ et $\dfrac{dT}{da_{11}}$ sont toujours de même signe.

Mais on a, en outre, d'après la quatrième et la cinquième des identités (8),

$$\frac{dT}{da_{23}} = 0, \quad \frac{dT}{da_{31}} = 0;$$

puis d'après (14)

$$(28) \quad \begin{cases} m_1 \dfrac{dT}{da_{12}} + m_2 \dfrac{dT}{da_{22}} = 0, \\[2ex] m_1 \dfrac{dT}{da_{11}} + m_2 \dfrac{dT}{da_{21}} = 0. \end{cases}$$

On voit, d'après ces dernières relations, que $\dfrac{dT}{da_{22}}$ et $\dfrac{dT}{da_{11}}$ s'annulent en même temps. Nous pourrons donc tirer des équations (27) les conclusions qui forment la seconde partie du tableau suivant :

$$\text{IV)} \qquad \frac{d^2 T}{da_{23}\, da_{33}} \quad \text{et} \quad \frac{dT}{da_{33}} \quad \text{étant nuls tous deux.}$$

Si $T \gtrless 0$,   il y a *intersection* ;

$$\text{Si } T = 0, \begin{cases} \text{il y a } \textit{non-intersection,} & \text{lorsque } \dfrac{dT}{da_{22}} < 0. \\[2ex] \text{il y a } \textit{intersection,} & \text{lorsque } \dfrac{dT}{da_{22}} > 0, \\[2ex] \text{il y a } \textit{tangence,} & \text{lorsque } \dfrac{dT}{da_{22}} = 0. \end{cases}$$

52. Pour que les conclusions que nous venons de déduire soient légitimes, il faut que les hypothèses admises dans ce dernier cas soient compatibles ; ou, en d'autres termes, que les équations (27), qui représentent alors des plans parallèles au plan des $x_1 x_2$, admettent les mêmes racines ; c'est ce que nous allons vérifier.

Les équations (27), ou mieux les équations (4) et (5), deviennent, en ayant égard aux hypothèses actuelles,

$$(27\ bis) \begin{cases} \dfrac{d^2 T}{da_{22}\, da_{33}}\, x_3^2 - 2\dfrac{d^2 T}{da_{23}\, da_{33}}\, x_3 x_4 + \dfrac{d^2 T}{da_{22}\, da_{33}}\, x_4^2 = 0, \\[3ex] \dfrac{d^2 T}{da_{23}\, da_{33}}\, x_3^2 - 2\dfrac{d^2 T}{da_{33}\, da_{33}}\, x_3 x_4 + \dfrac{d^2 T}{da_{33}\, da_{33}}\, x_4^2 = 0. \end{cases}$$

Pour que ces deux équations admettent les mêmes racines en x_3, il faut et il suffit que

$$(29) \qquad \frac{\dfrac{d^2 T}{da_{23}\, da_{33}}}{\dfrac{d^2 T}{da_{33}\, da_{33}}} = \frac{\dfrac{d^2 T}{da_{22}\, da_{33}}}{\dfrac{d^2 T}{da_{23}\, da_{33}}} = \frac{\dfrac{d^2 T}{da_{22}\, da_{33}}}{\dfrac{d^2 T}{da_{33}\, da_{33}}}$$

Or des relations (28), puis des relations (16) et des relations analogues obtenues en changeant $\dfrac{dT}{da_{44}}$ en $\dfrac{dT}{da_{33}}$, on déduit immédiatement

$$\frac{dT}{da_{22}} = \lambda\,\frac{dT}{da_{12}}, \qquad \frac{dT}{da_{11}} = \frac{1}{\lambda}\,\frac{dT}{da_{21}};$$

$$\frac{d^2T}{da_{44}\,da_{22}} = \lambda\,\frac{d^2T}{da_{44}\,da_{12}}, \qquad \frac{d^2T}{da_{44}\,da_{11}} = \frac{1}{\lambda}\,\frac{d^2T}{da_{44}\,da_{12}};$$

$$\frac{d^2T}{da_{33}\,da_{22}} = \lambda\,\frac{d^2T}{da_{33}\,da_{12}}, \qquad \frac{d^2T}{da_{33}\,da_{11}} = \frac{1}{\lambda}\,\frac{d^2T}{da_{33}\,da_{12}};$$

d'où l'on conclut

$$(30)\qquad \frac{\dfrac{dT}{da_{22}}}{\dfrac{dT}{da_{11}}} = \lambda^2, \qquad \frac{\dfrac{d^2T}{da_{11}\,da_{22}}}{\dfrac{d^2T}{da_{11}\,da_{11}}} = \lambda^2, \qquad \frac{\dfrac{d^2T}{da_{33}\,da_{22}}}{\dfrac{d^2T}{da_{33}\,da_{11}}} = \lambda^2.$$

Si l'on introduit enfin ces dernières relations dans les premières équations des groupes (10) et (12), on arrive à

$$(31)\qquad \frac{\dfrac{d^2T}{da_{22}\,da_{34}}}{\dfrac{d^2T}{da_{11}\,da_{34}}} = \lambda^2.$$

Les relations (29) se trouvent ainsi vérifiées.

TROISIÈME HYPOTHÈSE.

$$\frac{d^2T}{da_{33}\,da_{44}} = 0, \qquad \frac{d^2T}{da_{22}\,da_{44}} = 0, \qquad \text{et} \qquad \frac{d^2T}{da_{44}\,d_{23}} \gtrless 0.$$

53. L'équation de la projection sur le plan des $x_2 x_3$, qui devient alors

$$\frac{d^2T}{da_{44}\,da_{2}}\,x_2 x_4 + \frac{d^2T}{da_{33}\,da_{24}}\,x_2 x_4 + \frac{d^2T}{da_{22}\,da_{24}}\,x_4 x_4$$

$$\frac{1}{2}\,\frac{d^2T}{da_{22}\,da_{33}}\,x_4^2 = 0,$$

pourra s'écrire de la manière suivante :

$$(32) \quad \left(\frac{d^2T}{da_{14}\,da_{23}}\,x_2 + \frac{d^2T}{da_{22}\,da_{14}}\,x_4 \right)\left(x_3 + \frac{\dfrac{d^2T}{da_{33}\,da_{24}}}{\dfrac{d^2T}{da_{14}\,da_{23}}}\,x_4 \right)$$
$$\frac{2\,\dfrac{d^2T}{da_{12}\,da_{34}}\,\dfrac{d^2T}{da_{14}\,da_{23}} + \dfrac{d^2T}{da_{22}\,da_{33}}\,\dfrac{d^2T}{da_{14}\,da_{23}}}{\dfrac{d^2T}{da_{14}\,da_{23}}}\,x_4^2 = 0.$$

Or, de la première des formules (7), on déduit la relation

$$(33) \qquad T\,\frac{d^2T}{da_{23}\,da_{14}} = \frac{dT}{da_{14}}\,\frac{dT}{da_{23}} - \frac{dT}{da_{13}}\,\frac{dT}{da_{24}},$$

qui fournit, en ayant égard aux identités (9) et (10) et aux hypothèses admises, la relation suivante :

$$(34) \quad -m_1^4 T = \frac{d^2T}{da_{14}\,da_{23}}\left(2\,\frac{d^2T}{da_{33}\,da_{24}}\,\frac{d^2T}{da_{22}\,da_{34}} + \frac{d^2T}{da_{22}\,da_{33}}\,\frac{d^2T}{da_{44}\,da_{23}} \right).$$

L'équation (29) prendra dès lors la forme

$$X_1 X_2 + \frac{m_1^4 T}{\left(\dfrac{d^2T}{da_{14}\,da_{23}} \right)^2}\,x_4^2 = 0,$$

d'où l'on conclut immédiatement :

$$(V) \qquad \frac{d^2T}{da_{13}\,da_{44}} \;\text{et}\; \frac{d^2T}{da_{22}\,da_{44}} \;\text{étant nuls, et}\; \frac{d^2T}{da_{44}\,da_{23}} \;\text{différent}$$
$$\text{de zéro.}$$

$$\begin{cases} \text{Il y a } \textit{intersection}, \text{ lorsque } T \lessgtr 0 ; \\ \text{Il y a } \textit{tangence}, \quad \text{ lorsque } T = 0. \end{cases}$$

Dans ce cas on a

$$(35) \qquad m_1^2\,\frac{d^2T}{da_{14}} = \left(\frac{d^2T}{da_{14}\,da_{23}} \right)^2,$$

c'est-à-dire que $\dfrac{dT}{da_{44}}$ est nécessairement positif et ne peut être nul.

Les coordonnées du point de contact sont encore fournies par les équations (18); la vérification en est facile.

QUATRIÈME HYPOTHÈSE.

$$\frac{d^2T}{da_{44}\,da_{13}} = 0, \quad \frac{d^2T}{da_{44}\,da_{22}} = 0, \quad \frac{d^2T}{da_{44}\,da_{23}} = 0.$$

54. L'équation de la projection sur le plan des $x_2\,x_3$ sera dès lors

$$(36) \quad \frac{d^2T}{da_{23}\,da_{4}}\,x_2\,x_4 + \frac{d^2T}{da_{24}\,da_{3}}\,x_3\,x_4 - \frac{1}{2}\frac{d^2T}{da_{22}\,da_{33}}\,x_4^2 = 0;$$

c'est l'équation d'une droite. Voyons maintenant ce que devient la projection sur le plan des $x_1\,x_3$.

Les relations (34) et (35) donnent d'abord

$$(37) \qquad \frac{dT}{da_{44}} = 0, \quad \text{et} \quad T = 0;$$

puis l'on déduit des identités (8)

$$\frac{dT}{da_{34}} = 0, \quad \frac{dT}{da_{24}} = 0, \quad \frac{dT}{da_{14}} = 0;$$

des identités (9) et (10)

$$(38) \quad m_1^2\,\frac{dT}{da_{33}} = \left(\frac{d^2T}{da_{33}\,da_{34}}\right)^2; \quad m_1^2\,\frac{dT}{da_{22}} = \left(\frac{d^2T}{da_{22}\,da_{24}}\right)^2$$

des identités (11) et (13), ou des formules (15)

$$\frac{d^2T}{da_{13}\,da_{13}} = 0, \quad \frac{d^2T}{da_{13}\,da_{12}} = 0, \quad \frac{d^2T}{da_{13}\,da_{11}} = 0.$$

On voit alors que l'équation (5), projection de la courbe d'intersection sur le plan des $x_1\,x_3$, se réduit à

$$(39) \quad \frac{d^2T}{da_2\,da_{14}}\,x_1\,x_4 + \frac{d^2T}{da_3\,da_{14}}\,x_3\,x_4 - \frac{1}{2}\frac{d^2T}{da_{33}\,da_{13}}\,x_4^2 = 0;$$

c'est encore une droite. Le plan coupe la surface suivant une droite ; l'autre droite est à l'infini. Cela aura lieu tant que $\frac{dT}{da_3}$ et $\frac{dT}{da_2}$ ne seront pas nuls à la fois, et, dans ce cas, ils sont nécessairement positifs (38).

Si l'on a à la fois

$$\frac{dT}{da} = 0, \qquad \frac{dT}{da} = 0,$$

il résulte des relations (38)

$$\frac{d^2T}{da\,da_2} = 0, \qquad \frac{d^2T}{da_2\,da_3} = 0,$$

puis des relations (11) et (12)

$$\frac{d^2T}{da\,da} = 0, \qquad \frac{d^2T}{da\,da} = 0,$$

c'est-à-dire que la première droite est aussi à l'infini ; le plan est tangent à l'infini. Ainsi

$$(\text{VI}) \qquad \frac{d^2T}{da\,da}, \quad \frac{d^2T}{da_2\,da}, \quad \frac{d^2T}{da\,da}, \quad \text{\textit{étant nuls.}}$$

On a

$$T = 0, \qquad \frac{dT}{da} = 0,$$

et

Il y a *intersection*, lorsque $\frac{dT}{da_1}$ et $\frac{dT}{da_2}$ ne sont pas nuls à la fois.

Il y a *tangence à l'infini* ou *coïncidence*, lorsque $\frac{dT}{da} = 0$ et $\frac{dT}{da} = 0$

Cinquième hypothèse.

55. Quel que soit le plan donné, un au moins des coefficients m_1, m_2, m_3 n'est pas nul ; c'est la ligne correspondante au coefficient non nul que nous conviendrons de placer la *première* dans le déterminant T. Cette précaution étant toujours prise, il en résulte que la quantité m_1 ne saurait être supposée nulle.

Il ne restera donc plus à examiner qu'une seule hypothèse, celle où m_2 est nul, car la valeur de m_3 ne joue aucun rôle dans les discussions précédentes.

Or si $m_2 = 0$, le plan sécant est parallèle à l'axe des x_2, il suffit alors de discuter la projection sur le plan de $x_2\, x_3$, et les résultats obtenus dans les discussions précédentes se maintiendront évidemment.

56. Je vais maintenant résumer les conclusions qui viennent d'être établies et énoncées dans les tableaux I, II, III, IV, V, VI ; je présenterai ce résumé sous deux points de vue.

Premier résumé.

I. $\dfrac{dT}{da_{44}} > 0.$ *intersection,* lorsque $T \gtrless 0$,   *tangence,* lorsque $T = 0$.

II. $\dfrac{dT}{da} < 0.$

non-intersection, lorsque $T \dfrac{d^2 T}{da_3 \, da_{44}} > 0$,

intersection, lorsque $T \dfrac{d^2 T}{da \, da_{44}} < 0$,

tangence, lorsque $T = 0$.

III. $\dfrac{dT}{da} = 0.$

PREMIER CAS. $T \gtrless 0$.................... *intersection.*

DEUXIÈME CAS. $T = 0$.

$\dfrac{d^2 T}{da_{33} \, da_{44}} \gtrless 0,$

  non-intersection, si $\dfrac{dT}{da_{33}} < 0$,

  intersection (droites parall.), si $\dfrac{dT}{da} > 0$,

  tangence (droite), si $\dfrac{dT}{da_{33}} = 0$;

et

$\dfrac{d^2 T}{da_{33} \, da_{44}} = 0,$ et $\dfrac{d^2 T}{da_2 \, da_{44}} \gtrless 0,$

  non-intersection, si $\dfrac{dT}{da_{22}} < 0$,

  intersection (droites parall.), si $\dfrac{dT}{da_{22}} > 0$,

  tangence (droite), si $\dfrac{dT}{da_{22}} = 0$;

$\dfrac{d^2 T}{da_{33} \, da_{44}} = 0,$

  intersection (droites parall.), si $\dfrac{dT}{da_{33}}$ et $\dfrac{dT}{da_{22}}$ ne sont pas nuls à la fois,

et

$\dfrac{d^2 T}{da_{22} \, da_{44}} = 0,$

  tangence à l'infini ou *coïncidence,* si $\dfrac{dT}{da_{33}} = 0$ et $\dfrac{dT}{da_{22}} = 0$.

Second resumé.

$$\text{I}^{\circ}. \quad \text{T} > 0. \quad
\begin{cases}
\dfrac{d\text{T}}{da_{\scriptscriptstyle ii}} > 0 \quad \text{ou} \quad = 0, \quad intersection; \\[2em]
\dfrac{d\text{T}}{da_{\scriptscriptstyle ii}} < 0,
\end{cases}
\begin{cases}
non\text{-}intersection, \;\; \text{si} \; \dfrac{d^2\text{T}}{da \; da_{\scriptscriptstyle ii}} > 0, \\[2em]
intersection \quad\quad \text{si} \; \dfrac{d^2\text{T}}{da \; da_{\scriptscriptstyle ii}} < 0.
\end{cases}$$

$$\text{II}^{\circ}. \quad \text{T} < 0. \quad
\begin{cases}
\dfrac{d\text{T}}{da_{\scriptscriptstyle ii}} > 0 \quad \text{ou} \quad = 0, \quad intersection; \\[2em]
\dfrac{d\text{T}}{da_{\scriptscriptstyle ii}} < 0.
\end{cases}
\begin{cases}
non\text{-}intersection, \;\; \text{si} \; \dfrac{d^2\text{T}}{da \; da_{\scriptscriptstyle ii}} < 0. \\[2em]
intersection, \quad\quad \text{si} \; \dfrac{d^2\text{T}}{da \; da_{\scriptscriptstyle ii}} > 0.
\end{cases}$$

$$\text{III}^{\circ}. \quad \text{T} = 0. \quad
\begin{cases}
\dfrac{d\text{T}}{da_{\scriptscriptstyle ii}} \gtrless 0, \quad\quad\quad tangence, \\[2em]
\dfrac{d\text{T}}{da_{\scriptscriptstyle ii}} = 0. \quad\quad\quad \text{(Tableau du } 2^{e} \text{ cas, III}^{e}\text{, resumé precedent.}
\end{cases}$$

CHAPITRE III.

CÔNES ET CYLINDRES.

§ I. — *Conditions pour qu'une équation de degré quelconque représente une surface conique ou une surface cylindrique.*

57. Nous avons remarqué, dans la discussion des surfaces du second ordre, que l'équation du second degré représentait un cône lorsque le discriminant ou le *Hessien* de cette fonction était nul, et un cylindre, lorsque le Hessien et la dérivée du Hessien par rapport au paramètre a_{44} étaient nuls tous deux. Je vais généraliser ce théorème, en cherchant les conditions analogues pour une équation de degré quelconque.

Le théorème relatif aux surfaces coniques a été donné par M. Hesse, et se trouve reproduit dans l'ouvrage de M. Brioschi sur les déterminants et dans les *Nouvelles Annales*, t. XIII, p. 398. Quant au théorème sur les surfaces cylindriques, je ne crois pas qu'il ait encore été énoncé.

58. Si $\dfrac{x_1}{x_4}, \dfrac{x_2}{x_4}, \dfrac{x_3}{x_4}$ représentent les coordonnées d'un point situé sur la surface dont l'équation est

$$(1) \qquad u\,(x_1,\,x_2,\,x_3,\,x_4) = 0,$$

on sait que l'équation du plan tangent en ce point est

$$(2) \qquad X_1\,u_1 + X_2\,u_2 + X_3\,u_3 + X_4\,u_4 = 0,$$

$\dfrac{X_1}{X_4}, \dfrac{X_2}{X_4}, \dfrac{X_3}{X_4}$ désignant les coordonnées d'un point quelconque de ce plan, et

$$(3) \qquad u_r = \frac{du}{dx_r}.$$

59. Lorsque l'équation (1) appartient à une *surface conique*, le plan tangent jouit de la propriété caractéristique de passer constamment par un point fixe. Cette propriété sera traduite par l'identité suivante :

$$(4) \qquad \alpha_1 u_1 + \alpha_2 u_2 + \alpha_3 u_3 + \alpha_4 u_4 = 0,$$

dans laquelle α_1, α_2, α_3, α_4 sont des constantes.

En différentiant cette identité successivement par rapport à x_1, x_2, x_3, x_4, on en conclut

$$(5) \qquad \left\{ \begin{array}{l} \alpha_1 u_{11} + \alpha_2 u_{21} + \alpha_3 u_{31} + \alpha_4 u_{41} = 0, \\ \alpha_1 u_{12} + \alpha_2 u_{22} + \alpha_3 u_{32} + \alpha_4 u_{42} = 0, \\ \alpha_1 u_{13} + \alpha_2 u_{23} + \alpha_3 u_{33} + \alpha_4 u_{43} = 0, \\ \alpha_1 u_{14} + \alpha_2 u_{24} + \alpha_3 u_{34} + \alpha_4 u_{44} = 0, \end{array} \right.$$

après avoir posé

$$(6) \qquad u_{r,s} = u_{s,r} = \frac{d^2 u}{dx_r\, dx_s} = \frac{d^2 u}{dx_s\, dx_r}.$$

La simultanéité des quatre équations (5) entraîne comme conséquence immédiate

$$(7) \qquad \begin{vmatrix} u_{11} & u_{21} & u_{31} & u_{41} \\ u_{12} & u_{22} & u_{32} & u_{42} \\ u_{13} & u_{23} & u_{33} & u_{43} \\ u_{14} & u_{24} & u_{34} & u_{44} \end{vmatrix} = 0;$$

ce déterminant est ce qu'on appelle le *Hessien* de la fonction u; je le désignerai désormais par H_u.

Donc, *si l'équation*

$$u(x_1, x_2, x_3, x_4) = 0$$

représente une surface conique, le Hessien de la fonction
u est identiquement nul.

60. Il faut maintenant établir la réciproque de cette
proposition.

La formule

$$(8) \qquad H_u \frac{d^2 H_u}{du_{r,s}\, du_{r_1,s_1}} = \frac{d H_u}{du_{r,s}} \frac{d H_u}{du_{r_1,s_1}} - \frac{d H_u}{du_{r,s_1}} \frac{d H_u}{du_{r_1,s}}$$

conduit à l'identité

$$(9) \qquad \frac{d H_u}{du_{r,s}} \frac{d H_u}{du_{r_1,s_1}} = \left(\frac{d H_u}{du_{r,s}}\right),$$

par suite de l'hypothèse $H_u = 0$.

Mais les fonctions $\dfrac{d H_u}{du_{r,s}}$ sont toutes du même degré ;
et comme l'identité (9) exige que tous les diviseurs
de $\dfrac{d H_u}{du_{r,r}}$ appartiennent aussi à la fonction $\dfrac{d H_u}{du_{r,s}}$, nous en
conclurons

$$(10) \qquad \begin{cases} \dfrac{d H_u}{du_{r,s}} = k\, \dfrac{d H_u}{du_{r,r}}, \\[2mm] \dfrac{d H_u}{du_{r,s}} = k_1\, \dfrac{d H_u}{du_{s,r}}, \end{cases}$$

k et k_1 désignant des constantes.

On déduit de ces dernières relations

$$(11) \qquad \frac{\dfrac{d H_u}{du_{r,s}}}{\dfrac{d H_u}{du_{r,s}}} = \text{constante.}$$

En donnant à s la valeur 4, et en faisant successivement $s = 1, 2, 3$, on obtient enfin

$$(12) \quad \begin{cases} \dfrac{d\,\mathrm{H}_u}{du_{1,r}} = \dfrac{\alpha_1}{\alpha_4} \dfrac{d\,\mathrm{H}_u}{du_{4,r}}, \\[2ex] \dfrac{d\,\mathrm{H}_u}{du_{2,r}} = \dfrac{\alpha_2}{\alpha_4} \dfrac{d\,\mathrm{H}_u}{du_{4,r}}, \\[2ex] \dfrac{d\,\mathrm{H}_u}{du_{3,r}} = \dfrac{\alpha_3}{\alpha_4} \dfrac{d\,\mathrm{H}_u}{du_{4,r}}. \end{cases}$$

Les quantités $\dfrac{\alpha_1}{\alpha_4}$, $\dfrac{\alpha_2}{\alpha_4}$, $\dfrac{\alpha_3}{\alpha_4}$ sont des constantes.

Or l'homogénéité de la fonction u et de ses dérivées conduit aux identités

$$(13) \quad \begin{cases} (m-1)\,u_1 = x_1\,u_{11} + x_2\,u_{12} + x_3\,u_{13} + x_4\,u_{14}, \\[1ex] (m-1)\,u_2 = x_1\,u_{21} + x_2\,u_{22} + x_3\,u_{23} + x_4\,u_{24}, \\[1ex] (m-1)\,u_3 = x_1\,u_{31} + x_2\,u_{32} + x_3\,u_{33} + x_4\,u_{34}, \\[1ex] (m-1)\,u_4 = x_1\,u_{41} + x_2\,u_{42} + x_3\,u_{43} + x_4\,u_{44}, \end{cases}$$

d'où l'on déduit

$$x_r\,\frac{\mathrm{H}_u}{m-1} = u_1\,\frac{d\,\mathrm{H}_u}{du_{1,r}} + u_2\,\frac{d\,\mathrm{H}_u}{du_{2,r}} + u_3\,\frac{d\,\mathrm{H}_u}{du_{3,r}} + u_4\,\frac{d\,\mathrm{H}_u}{du_{4,r}}.$$

Si l'on remarque que H_u est nul, par hypothèse, et qu'on ait égard aux équations (12), cette identité prendra la forme suivante

$$\alpha_1\,u_1 + \alpha_2\,u_2 + \alpha_3\,u_3 + \alpha_4\,u_4 = 0.$$

Mais cette relation exprime que le plan tangent à la surface $u = 0$ passe par le point fixe $\dfrac{\alpha_1}{\alpha_4}$, $\dfrac{\alpha_2}{\alpha_4}$, $\dfrac{\alpha_3}{\alpha_4}$; donc l'équation

$$u\,(x_1,\ x_2,\ x_3,\ x_4) = 0$$

appartient à une surface conique.   C. Q. F. D.

Les coordonnées $\dfrac{x_1}{x_4}, \dfrac{x_2}{x_4}, \dfrac{\alpha_3}{\alpha_4}$ du sommet sont données par les équations

$$(14)\quad\begin{cases}\dfrac{x_1}{x_4} = \dfrac{\dfrac{dH_u}{du_{1,r}}}{\dfrac{dH_u}{du_{4,r}}},\\[2em] \dfrac{x_2}{x_4} = \dfrac{\dfrac{dH_u}{du_{2,r}}}{\dfrac{dH_u}{du_{4,r}}},\\[2em] \dfrac{x_3}{x_4} = \dfrac{\dfrac{dH_u}{du_{3,r}}}{\dfrac{dH_u}{du_{4,r}}}.\end{cases}$$

61. Lorsque l'équation

$$u\,(x_1,\ x_2,\ x_3,\ x_4) = 0$$

représente une surface cylindrique, le plan tangent jouit de la propriété d'être constamment parallèle à une même droite, propriété qui sera traduite par l'identité suivante

$$(15)\qquad \alpha_1 u_1 + \alpha_2 u_2 + \alpha_3 u_3 = 0,$$

α_1, α_2, α_3 désignant des constantes.

En différentiant cette identité successivement par rapport à x_1, x_2, x_3, x_4, on obtient

$$(16)\quad\begin{cases}\alpha_1 u_{11} + \alpha_2 u_{21} + \alpha_3 u_{31} = 0,\\ \alpha_1 u_{12} + \alpha_2 u_{22} + \alpha_3 u_{32} = 0,\\ \alpha_1 u_{13} + \alpha_2 u_{23} + \alpha_3 u_{33} = 0,\\ \alpha_1 u_{14} + \alpha_2 u_{24} + \alpha_3 u_{34} = 0\end{cases}$$

Prenant ces équations trois à trois, on en conclut les

identités

$$\frac{d\,\mathrm{H}_u}{du_{44}} = 0, \qquad \frac{d\,\mathrm{H}_u}{du_{43}} = 0, \qquad \frac{d\,\mathrm{H}_u}{du_{42}} = 0, \qquad \frac{d\,\mathrm{H}_u}{du_{41}} = 0.$$

Or

$$\mathrm{H}_u = u_{41}\,\frac{d\,\mathrm{H}_u}{du_{41}} + u_{42}\,\frac{d\,\mathrm{H}_u}{du_{42}} + u_{43}\,\frac{d\,\mathrm{H}_u}{du_{43}} + u_{44}\,\frac{d\,\mathrm{H}_u}{du_{44}};$$

donc on a, en vertu des relations précédentes,

$$\mathrm{H}_u = 0.$$

Ainsi, *lorsque l'équation*

$$u\,(x_1,\ x_2,\ x_3,\ x_4) = 0$$

représente une surface cylindrique, on a nécessairement

$$\mathrm{H}_u = 0, \qquad \frac{d\,\mathrm{H}_u}{du_{44}} = 0;$$

c'est-à-dire *que le Hessien de la fonction* u *et la dérivée du Hessien par rapport à* u_{44} *sont identiquement nuls.*

62. Réciproquement, *si le Hessien de la fonction* u *et la dérivée du Hessien par rapport à* u_{44} *sont identiquement nuls, l'équation*

$$u\,(x_1,\ x_2,\ x_3,\ x_4) = 0$$

représente une surface cylindrique.

De la formule

$$(17) \qquad \mathrm{H}_u\,\frac{d^2\,\mathrm{H}_u}{du_{r,r}\,du_{s,s}} - \frac{d\,\mathrm{H}_u}{du_{r,r}}\,\frac{d\,\mathrm{H}_u}{du_{s,s}} - \left(\frac{d\,\mathrm{H}_u}{du_{r,s}}\right)^{'},$$

on conclut d'abord

$$\frac{d\,\mathrm{H}_u}{du_{r,r}}\,\frac{d\,\mathrm{H}_u}{du_{s,s}} = \left(\frac{d\,\mathrm{H}_u}{du_{r,s}}\right)^{2},$$

puisque
$$H_u = 0;$$

mais on a aussi
$$\frac{dH_u}{du_{4,r}} = 0;$$

donc

$$(18) \qquad \frac{dH_u}{du_{4,r}} = \frac{dH_u}{du_{r,4}} = 0.$$

En raisonnant comme dans la réciproque précédente, on obtiendra les identités

$$(19) \qquad \begin{cases} \dfrac{dH_u}{du_{1,r}} = \dfrac{\alpha_1}{\alpha_3}\dfrac{dH_u}{du_{3,r}}, \\[2ex] \dfrac{dH_u}{du_{2,r}} = \dfrac{\alpha_2}{\alpha_3}\dfrac{dH_u}{du_{3,r}}, \end{cases}$$

qui ont lieu pour des valeurs de r différentes de 4 et dans lesquelles α_1, α_2, α_3 représentent des constantes.

En ayant égard aux relations (18) et (19), l'identité

$$x_r \frac{H_u}{m-1} = u_1 \frac{dH_u}{du_{1,r}} + u_2 \frac{dH_u}{du_{2,r}} + u_3 \frac{dH_u}{du_{3,r}} + u_4 \frac{dH_u}{du_{4,r}}$$

deviendra

$$\alpha_1 u_1 + \alpha_2 u_2 + \alpha_3 u_3 = 0.$$

Or cette relation exprime que le plan tangent à la surface $u = 0$ est constamment parallèle à une droite fixe; donc *l'équation*

$$u(x_1,\, x_2,\, x_3,\, x_4) = 0$$

représente une surface cylindrique.   C. Q. F. D.

La direction des génératrices est donnée par les équation :

$$(20)\qquad \left\{\begin{aligned} \frac{\alpha_1}{\alpha_3} &= \frac{\dfrac{d\,\mathrm{H}_u}{du_{1,r}}}{\dfrac{d\,\mathrm{H}_u}{du_{3,r}}},\\ \frac{\alpha_2}{\alpha_3} &= \frac{\dfrac{d\,\mathrm{H}_u}{du_{2,r}}}{\dfrac{d\,\mathrm{H}_u}{du_{3,r}}}, \end{aligned}\right.$$

r étant différent de 4 ; α_1, α_2, α_3 sont proportionnels aux cosinus des angles de la direction des génératrices avec les axes des x_1, x_2, x_3, si les axes sont rectangulaires.

63. La démonstration de ces deux théorèmes peut encore se présenter d'une autre manière. Le principe de cette seconde démonstration est le même que celui qui a été adopté par M. Brioschi, dans l'ouvrage déjà cité, pour la proposition relative aux surfaces coniques.

La fonction homogène $u(x_1, x_2, x_3, x_4)$ deviendra, par la transformation linéaire,

$$(21)\qquad \left\{\begin{aligned} x_1 &= a_{11}y_1 + a_{12}y_2 + a_{13}y_3 + a_{14}y_4,\\ x_2 &= a_{21}y_1 + a_{22}y_2 + a_{23}y_3 + a_{24}y_4,\\ x_3 &= a_{31}y_1 + a_{32}y_2 + a_{33}y_3 + a_{34}y_4,\\ x_4 &= a_{41}y_1 + a_{42}y_2 + a_{43}y_3 + a_{44}y_4, \end{aligned}\right.$$

une fonction homogène de y_1, y_2, y_3, y_4 que je désignerai par $v(y_1, y_2, y_3, y_4)$.

Or on a évidemment

$$(22)\qquad \frac{dv}{dy_r} = v_r = u_1 a_{1,r} + u_2 a_{2,r} + u_3 a_{3,r} + u_4 a_{4,r};$$

d'où

$$(23)\qquad \frac{d^2v}{dy_r\,dy_s} = v_{r,s} = \mathrm{A}_{1,s}a_{1,r} + \mathrm{A}_{2,s}a_{2,r} + \mathrm{A}_{3,s}a_{3,r} + \mathrm{A}_{4,s}a_{4,r};$$

après avoir posé

$$(24) \qquad \Lambda_{r,s} = \frac{du_r}{dy_s}.$$

D'après la multiplication des déterminants, il résulte immédiatement

$$(25) \qquad H_v = P.Q;$$

égalité dans laquelle

$$P = \begin{vmatrix} a_{11} & a_{12} & a_{13} & a_{14} \\ a_{21} & a_{22} & a_{23} & a_{24} \\ a_{31} & a_{32} & a_{33} & a_{34} \\ a_{41} & a_{42} & a_{43} & a_{44} \end{vmatrix}$$

$$H_v = \begin{vmatrix} v_{11} & v_{12} & v_{13} & v_{14} \\ v_{21} & v_{22} & v_{23} & v_{24} \\ v_{31} & v_{32} & v_{33} & v_{34} \\ v_{41} & v_{42} & v_{43} & v_{44} \end{vmatrix}$$

$$Q = \begin{vmatrix} \Lambda_{11} & \Lambda_{12} & \Lambda_{13} & \Lambda_{14} \\ \Lambda_{21} & \Lambda_{22} & \Lambda_{23} & \Lambda_{24} \\ \Lambda_{31} & \Lambda_{32} & \Lambda_{33} & \Lambda_{34} \\ \Lambda_{41} & \Lambda_{42} & \Lambda_{43} & \Lambda_{44} \end{vmatrix}$$

D'un autre côté, on a

$$(26) \qquad \Lambda_{r,s} = \frac{du_r}{dy_s} = u_{r,1} a_{1,s} + u_{r,2} a_{2,s} + u_{r,3} a_{3,s} + u_{r,4} a_{4,s}$$

d'où l'on conclut, d'après les mêmes principes,

$$(27) \qquad Q = P.H_u,$$

H_u désignant le Hessien de la fonction u.

Les formules qui précèdent conduisent facilement aux

relations suivantes que je me contenterai d'énoncer :

$$(28)\quad \begin{cases} \dfrac{dH_n}{du_{r,s}} = \dfrac{dP}{da_{1,r}}\dfrac{dQ}{dA_{1,s}} + \dfrac{dP}{da_{2,r}}\dfrac{dQ}{dA_{2,s}} \\ \qquad\qquad + \dfrac{dP}{da_{3,r}}\dfrac{dQ}{dA_{3,s}} + \dfrac{dP}{da_{4,r}}\dfrac{dQ}{dA_{4,s}}, \\ \dfrac{dQ}{dA_{r,s}} = \dfrac{dH_n}{du_{r,1}}\dfrac{dP}{da_{s,1}} + \dfrac{dH_n}{du_{r,2}}\dfrac{dP}{da_{s,2}} \\ \qquad\qquad + \dfrac{dH_n}{du_{r,3}}\dfrac{dP}{da_{s,3}} + \dfrac{dH_n}{du_{r,4}}\dfrac{dP}{da_{s,4}}. \end{cases}$$

64. Ces préliminaires étant posés, passons à la question géométrique.

Les coordonnées d'un point quelconque étant représentées par $\frac{x_1}{x_4}, \frac{x_2}{x_4}, \frac{x_3}{x_4}$, j'effectue la transformation de coordonnées suivantes :

$$(29)\quad \begin{cases} x_1 = a_{11}y_1 + a_{12}y_2 + a_{13}y_3 + a_{14}y_4, \\ x_2 = a_{21}y_1 + a_{22}y_2 + a_{23}y_3 + a_{24}y_4, \\ x_3 = a_{31}y_1 + a_{32}y_2 + a_{33}y_3 + a_{34}y_4, \\ x_4 = 0 . y_1 + 0 . y_2 + 0 . y_3 + a_{44}y_4, \end{cases}$$

de sorte que les nouvelles coordonnées du même point seront $\frac{y_1}{y_4}, \frac{y_2}{y_4}, \frac{y_3}{y_4}$.

Si l'on pose

$$P_1 = \begin{vmatrix} a_{11} & a_{12} & a_{13} \\ a_{21} & a_{22} & a_{23} \\ a_{31} & a_{32} & a_{33} \end{vmatrix}$$

on aura, après avoir introduit l'hypothèse.

$$a_{41} = a_{42} = a_{43} = 0,$$

$$(30)\quad \begin{cases} P = a_{44}P_1, \\ \dfrac{dP}{da_{14}} = 0, \quad \dfrac{dP}{da_{24}} = 0, \quad \dfrac{dP}{da_{34}} = 0, \quad \dfrac{dP}{da_{44}} = P_1. \end{cases}$$

Les relations (25), (27) et (30) donneront alors

$$(31)\qquad H_v = a_{44}^2 P_1^2 H_u,$$

et les relations (28) et (30) conduiront à

$$(32)\qquad \frac{dH_v}{dv_{44}} = P_1^2 \frac{dH_u}{du_{44}}.$$

Les équations (31) et (32) sont la base de la seconde démonstration que je vais exposer.

65. Si l'équation

$$u(x_1, x_2, x_3, x_4) = 0$$

représente une surface conique, on pourra toujours opérer une transformation de coordonnées telle, que le cône se trouve rapporté à son sommet, et, par suite, que l'équation

$$v(y_1, y_2, y_3, y_4) = 0$$

soit homogène en y_1, y_2, y_3; ce qui entraîne, comme conséquence nécessaire,

$$\frac{d^2 v}{dy_1 dy_4} = \frac{d^2 v}{dy_2 dy_4} = \frac{d^2 v}{dy_3 dy_4} = \frac{d^2 v}{dy_4^2} = 0,$$

c'est-à-dire

$$v_{14} = v_{24} = v_{34} = v_{44} = 0.$$

Mais alors le Hessien H_v est identiquement nul; donc, en vertu de la relation (31), il en est de même du Hessien H_u.

Ainsi, *lorsque l'équation*

$$u(x_1, x_2, x_3, x_4) = 0$$

représente une surface conique, le Hessien de la fonction u *est identiquement nul.*

Il n'était même pas nécessaire d'opérer la transformation générale (29) pour arriver à cette conséquence; mais comme elle est indispensable pour le cas du cylindre, j'ai préféré déduire les deux théorèmes d'une transformation unique.

Pour démontrer la réciproque de cette proposition, on établira d'abord, en adoptant le raisonnement exposé dans le n° 60, l'identité

$$(33) \qquad \alpha_1 u_1 + \alpha_2 u_2 + \alpha_3 u_3 + \alpha_4 u_4 = 0.$$

Ceci posé, on voit immédiatement que la transformation linéaire

$$\left\{\begin{aligned} x_1 &= a_{11} y_1 + a_{12} y_2 + a_{13} y_3 + \lambda\alpha_1 y_4,\\ x_2 &= a_{21} y_1 + a_{22} y_2 + a_{23} y_3 + \lambda\alpha_2 y_4,\\ x_3 &= a_{31} y_1 + a_{32} y_2 + a_{33} y_3 + \lambda\alpha_3 y_4,\\ x_4 &= 0 . y_1 + 0 . y_2 + 0 . y_3 + \lambda\alpha_4 y_4 \end{aligned}\right.$$

conduit à une équation

$$v(y_1, y_2, y_3, y_4) = 0,$$

homogène en y_1, y_2, y_3. En effet, cette équation étant homogène en y_1, y_2, y_3, y_4, il suffit de constater que le premier membre est indépendant de la variable y_4, c'est-à-dire que

$$\frac{dv}{dy_4} = 0.$$

Or

$$\frac{dv}{dy_4} = u_1 \lambda\alpha_1 + u_2 \lambda\alpha_2 + u_3 \lambda\alpha_3 + u_4 \lambda\alpha_4;$$

mais le second membre est nul, d'après l'identité (33); et la réciproque se trouve ainsi démontrée.

66. Si l'équation

$$u(x_1, x_2, x_3, x_4) = 0$$

représente une surface cylindrique, on pourra toujours opérer une transformation de coordonnées telle, que le cylindre se trouve parallèle à l'un des axes, celui des y_3 par exemple; par suite, l'équation

$$v(y_1, y_2, y_3, y_4) = 0$$

ne devra pas renfermer de termes en y_3; ce qui entraine comme conséquence

$$\frac{d^2 v}{dy_1\, dy_3} = \frac{d^2 v}{dy_2\, dy_3} = \frac{d^2 v}{dy_3^2} = \frac{d^2 v}{dy_3\, dy_4} = 0.$$

On voit alors que le Hessien H_v et la dérivée $\dfrac{dH_v}{dv_{33}}$ sont identiquement nuls; donc, en vertu des relations (31) et (32), il en est de même de H_u et de $\dfrac{dH_u}{du_{33}}$.

Ainsi lorsque *l'équation*

$$u(x_1, x_2, x_3, x_4) = 0$$

représente une surface cylindrique, le Hessien de la fonction u *ainsi que la dérivée du Hessien par rapport à* u_{33} *sont identiquement nuls.*

Pour démontrer la réciproque, on établira, comme il a été fait au n° **62**, l'identité

$$(34) \qquad z_1 u_1 + z_2 u_2 + z_3 u_3 = 0.$$

Ceci posé, on voit immédiatement que la transformation linéaire

$$\left\{ \begin{aligned}
x_1 &= a_{11} y_1 + a_{12} y_2 + \lambda z_1 y_3 + a_{14} y_4,\\
x_2 &= a_{21} y_1 + a_{22} y_2 + \lambda z_2 y_3 + a_{24} y_4,\\
x_3 &= a_{31} y_1 + a_{32} y_2 + \lambda z_3 y_3 + a_{34} y_4,\\
x_4 &= 0 \cdot y_1 + 0 \cdot y_2 + 0 \cdot y_3 + a_{44} y_4,
\end{aligned} \right.$$

conduit à une équation

$$v(y_1, y_2, y_3, y_4) = 0,$$

qui sera homogène en y_1, y_2, y_4. Pour le démontrer, il suffit de faire voir que la dérivée $\dfrac{dv}{dy_3}$ est identiquement nulle. Or on a

$$\frac{dv}{dy_3} = u_1 \lambda \alpha_1 + u_2 \lambda \alpha_2 + u_3 \lambda \alpha_3;$$

d'où l'on conclut, d'après la relation (34),

$$\frac{dv}{dy_3} = 0.$$

Les deux conditions énoncées sont donc nécessaires et suffisantes.

§ II. — *Cônes et cylindres du second degré passant par deux coniques situées sur une surface du second degré.*

67. La question que nous allons résoudre nous donnera une idée de l'usage qu'on peut faire des résultats précédents dans la discussion des problèmes.

Soient

$$(1) \qquad (\varphi) \left\{ \begin{aligned} &a_{11}\,x_1^2 + a_{22}\,x_2^2 + a_{33}\,x_3^2 + a_{44}\,x_4^2 \\ &+ 2\,a_{12}\,x_1\,x_2 + 2\,a_{13}\,x_1\,x_3 \\ &+ 2\,a_{14}\,x_1\,x_4 + 2\,a_{23}\,x_2\,x_3 \\ &+ 2\,a_{24}\,x_2\,x_4 + 2\,a_{34}\,x_3\,x_4 \end{aligned} \right\} = 0$$

l'équation d'une surface du second degré, et

$$(2) \qquad \left\{ \begin{aligned} M &= m_1 x_1 + m_2 x_2 + m_3 x_3 + m_4 x_4 = 0, \\ N &= n_1 x_1 + n_2 x_2 + n_3 x_3 + n_4 x_4 = 0, \end{aligned} \right.$$

les équations de deux plans.

Les équations de deux coniques situées sur la surface (1) seront

$$\begin{cases} \varphi = 0, \\ M = 0, \end{cases} \qquad \begin{cases} \varphi = 0, \\ N = 0, \end{cases}$$

et l'équation générale des surfaces du second ordre passant par les deux coniques (φ, M) et (φ, N), sera

$$(3) \qquad \varphi + 2\lambda MN = 0.$$

On exprimera que cette surface est un cône, en écrivant que le discriminant de l'équation (3) est nul, ce qui permettra de déterminer la constante λ. L'équation en λ est en apparence du quatrième degré; nous allons d'abord constater qu'elle se réduit au second degré.

68. Si l'on désigne par D le discriminant de l'équation (3), et qu'on pose

$$(4) \qquad M_{rs} = m_r n_s + m_s n_r,$$

d'où

$$M_{rs} = M_{sr},$$

l'équation en λ sera

$$(5)\ D = \begin{vmatrix} a_{11}+\lambda M_{11} & a_{12}+\lambda M_{12} & a_{13}+\lambda M_{13} & a_{14}+\lambda M_{14} \\ a_{21}+\lambda M_{21} & a_{22}+\lambda M_{22} & a_{23}+\lambda M_{23} & a_{24}+\lambda M_{24} \\ a_{31}+\lambda M_{31} & a_{32}+\lambda M_{32} & a_{33}+\lambda M_{33} & a_{34}+\lambda M_{34} \\ a_{41}+\lambda M_{41} & a_{42}+\lambda M_{42} & a_{43}+\lambda M_{43} & a_{44}+\lambda M_{44} \end{vmatrix}$$

Développons ce déterminant par colonnes, après avoir posé :

$$(6)\quad \Delta = \begin{vmatrix} a_{11} & a_{12} & a_{13} & a_{14} \\ a_{21} & a_{22} & a_{23} & a_{24} \\ a_{31} & a_{32} & a_{33} & a_{34} \\ a_{41} & a_{42} & a_{43} & a_{44} \end{vmatrix} \qquad \Delta' = \begin{vmatrix} M_{11} & M_{12} & M_{13} & M_{14} \\ M_{21} & M_{22} & M_{23} & M_{24} \\ M_{31} & M_{32} & M_{33} & M_{34} \\ M_{41} & M_{42} & M_{43} & M_{44} \end{vmatrix}$$

Désignons

Par Δ_1, Δ_2, Δ_3, Δ_4, ce que devient le déterminant Δ

lorsqu'on y remplace la 1re, 2e, 3e, 4e colonne respectivement par la 1re, 2e, 3e, 4e colonne du déterminant Δ';

Par $\Delta_{r,s}$, ce que devient le déterminant Δ lorsqu'on y
remplace à la fois la $r^{ième}$ et la $s^{ième}$ colonne par la $r^{ième}$ et
la $s^{ième}$ colonne du déterminant Δ';

Par Δ'_1, Δ'_2, Δ'_3, Δ'_4, ce que devient le déterminant Δ'
lorsqu'on y remplace la 1re, 2e, 3e, 4e colonne par la 1re,
2e, 3e, 4e colonne du déterminant Δ.

En employant ces notations, nous trouverons pour
l'équation en λ :

$$(7) \quad \left\{ \begin{aligned} &\Delta'\lambda^4 + (\Delta'_1 + \Delta'_2 + \Delta'_3 + \Delta'_4)\lambda^3 \\ &\quad + (\Delta_{12} + \Delta_{13} + \Delta_{14} + \Delta_{23} + \Delta_{24} + \Delta_{34})\lambda^2 \\ &\quad + (\Delta_1 + \Delta_2 + \Delta_3 + \Delta_4)\lambda + \Delta \end{aligned} \right\} = 0.$$

69. Il est facile de démontrer que

$$\Delta' = 0, \quad \Delta'_1 = 0, \quad \Delta'_2 = 0, \quad \Delta'_3 = 0, \quad \Delta'_4 = 0.$$

Il suffit, pour cela, de faire voir que le déterminant Δ'
est identiquement nul, ainsi que ses dérivées partielles du
premier ordre.

Or

$$\Delta' = \begin{vmatrix} m_1 n_1 + m_1 n_1 & m_1 n_2 + m_2 n_1 & m_1 n_3 + m_3 n_1 & m_1 n_4 + m_4 n_1 \\ m_2 n_1 + m_1 n_2 & m_2 n_2 + m_2 n_2 & m_2 n_3 + m_3 n_2 & m_2 n_4 + m_4 n_2 \\ m_3 n_1 + m_1 n_3 & m_3 n_2 + m_2 n_3 & m_3 n_3 + m_3 n_3 & m_3 n_4 + m_4 n_3 \\ m_4 n_1 + m_1 n_4 & m_4 n_2 + m_2 n_4 & m_4 n_3 + m_3 n_4 & m_4 n_4 + m_4 n_4 \end{vmatrix}$$

De la première colonne, multipliée par n_2, retranchons
la seconde multipliée par n_1, il vient :

$$\Delta = -\frac{m_1 n_2 - m_2 n_1}{n_2} \begin{vmatrix} n_1 & m_1 n_2 + m_2 n_1 & m_1 n_3 + m_3 n_1 & m_1 n_4 + m_4 n_1 \\ n_2 & m_2 n_2 + m_2 n_2 & m_2 n_3 + m_3 n_2 & m_2 n_4 + m_4 n_2 \\ n_3 & m_3 n_2 + m_2 n_3 & m_3 n_3 + m_3 n_3 & m_3 n_4 + m_4 n_3 \\ n_4 & m_4 n_2 + m_2 n_4 & m_4 n_3 + m_3 n_4 & m_4 n_4 + m_4 n_4 \end{vmatrix}$$

De la seconde colonne de ce dernier déterminant, multipliée par n_3, retranchons la troisième multipliée par n_2, nous obtenons :

$$\Delta' = \frac{(m_1 n_2 - m_2 n_1)(m_2 n_3 - m_3 n_2)}{n_2 n_3} \begin{vmatrix} n_1 & n_1 & m_1 n_3 + m_3 n_1 & m_1 n_4 + m_4 n_1 \\ n_2 & n_2 & m_2 n_3 + m_3 n_2 & m_2 n_4 + m_4 n_2 \\ n_3 & n_3 & m_3 n_3 + m_3 n_3 & m_3 n_4 + m_4 n_2 \\ n_4 & n_4 & m_4 n_3 + m_3 n_4 & m_4 n_4 + m_4 n_4 \end{vmatrix}$$

Or le dernier facteur est nul, car c'est un déterminant dont deux colonnes sont identiques ; donc

$$\Delta' = 0.$$

On s'assurera, par un calcul semblable, que les dérivées partielles du déterminant Δ' sont aussi nulles ; d'où l'on conclura

$$\Delta'_r = 0, \quad r = 1, 2, 3, 4.$$

Ainsi l'équation (7) se réduit à

$$(8) \quad \begin{cases} (\Delta_{12} + \Delta_{13} + \Delta_{14} + \Delta_{23} + \Delta_{24} + \Delta_{34}) \lambda^2 \\ \quad + (\Delta_1 + \Delta_2 + \Delta_3 + \Delta_4)\lambda + \Delta = 0. \end{cases}$$

Donc il existe, au plus, deux cônes du second degré passant par les deux coniques (φ, M), (φ, N).

70. Posons maintenant :

$$(9)\quad
\begin{cases}
T = \begin{vmatrix}
a_{11} & a_{12} & a_{13} & a_{14} & m_1 \\
a_{21} & a_{22} & a_{23} & a_{24} & m_2 \\
a_{31} & a_{32} & a_{33} & a_{34} & m_3 \\
a_{41} & a_{42} & a_{43} & a_{44} & m_4 \\
m_1 & m_2 & m_3 & m_4 & 0
\end{vmatrix} \\[2em]
S = \begin{vmatrix}
a_{11} & a_{12} & a_{13} & a_{14} & n_1 \\
a_{21} & a_{22} & a_{23} & a_{24} & n_2 \\
a_{31} & a_{32} & a_{33} & a_{34} & n_3 \\
a_{41} & a_{42} & a_{43} & a_{44} & n_4 \\
n_1 & n_2 & n_3 & n_4 & 0
\end{vmatrix} \\[2em]
U = \begin{vmatrix}
a_{11} & a_{12} & a_{13} & a_{14} & n_1 \\
a_{21} & a_{22} & a_{23} & a_{24} & n_2 \\
a_{31} & a_{32} & a_{33} & a_{34} & n_3 \\
a_{41} & a_{42} & a_{43} & a_{44} & n_4 \\
m_1 & m_2 & m_3 & m_4 & 0
\end{vmatrix} \\[2em]
V = \begin{vmatrix}
a_{11} & a_{12} & a_{13} & a_{14} & m_1 & n_1 \\
a_{21} & a_{22} & a_{23} & a_{24} & m_2 & n_2 \\
a_{31} & a_{32} & a_{33} & a_{34} & m_3 & n_3 \\
a_{41} & a_{42} & a_{43} & a_{44} & m_4 & n_4 \\
m_1 & m_2 & m_3 & m_4 & 0 & 0 \\
n_1 & n_2 & n_3 & n_4 & 0 & 0
\end{vmatrix}
\end{cases}$$

On vérifiera sans difficulté les relations suivantes :

$$(10)\quad
\begin{cases}
\Delta_{rs} = (n_r m_s - n_s m_r)\,\dfrac{d^2 V}{dm_r\,dn_s}, \\[1.5em]
\Delta_r = -\left(n_r\,\dfrac{dT}{dm_r} + m_r\,\dfrac{dS}{dn_r} \right).
\end{cases}$$

Or

$$U = m_1 \frac{dS}{dn_1} + m_2 \frac{dS}{dn_2} + m_3 \frac{dS}{dn_3} + m_4 \frac{dS}{dn_4}$$

$$= n_1 \frac{dT}{dm_1} + n_2 \frac{dT}{dm_2} + n_3 \frac{dT}{dm_3} + n_4 \frac{dT}{dm_4}.$$

Cette relation, jointe au second groupe des identités (10), nous donnera immédiatement

$$(11) \qquad \Delta_1 + \Delta_2 + \Delta_3 + \Delta_4 = -2U.$$

Si l'on a égard à la relation

$$\frac{d^2 V}{dm_r \, dn_s} = -\frac{d^2 V}{dm_s \, dn_r},$$

le premier groupe des identités (10) donnera

$$\Delta_{12} + \Delta_{13} + \Delta_{14} + \Delta_{23} + \Delta_{24} + \Delta_{34} = \begin{cases} -m_1 \left(n_2 \dfrac{d^2 V}{dm_1 \, dn_2} + n_3 \dfrac{d^2 V}{dm_1 \, dn_3} + n_4 \dfrac{d^2 V}{dm_1 \, dn_4} \right), \\[2ex] -m_2 \left(n_1 \dfrac{d^2 V}{dm_2 \, dn_1} + n_3 \dfrac{d^2 V}{dm_2 \, dn_3} + n_4 \dfrac{d^2 V}{dm_2 \, dn_4} \right), \\[2ex] -m_3 \left(n_1 \dfrac{d^2 V}{dm_3 \, dn_1} + n_2 \dfrac{d^2 V}{dm_3 \, dn_2} + n_4 \dfrac{d^2 V}{dm_3 \, dn_4} \right), \\[2ex] -m_4 \left(n_1 \dfrac{d^2 V}{dm_4 \, dn_1} + n_2 \dfrac{d^2 V}{dm_4 \, dn_2} + n_3 \dfrac{d^2 V}{dm_4 \, dn_3} \right). \end{cases}$$

ou enfin

$$(12) \quad \begin{cases} \Delta_{12} + \Delta_{13} + \Delta_{14} + \Delta_{23} + \Delta_{24} + \Delta_{34} \\[1ex] = -\left(m_1 \dfrac{dV}{dm_1} + m_2 \dfrac{dV}{dm_2} + m_3 \dfrac{dV}{dm_3} + m_4 \dfrac{dV}{dm_4} \right) = -V. \end{cases}$$

L'équation (8) prendra donc la forme définitive

$$(I) \qquad V\lambda^2 + 2U\lambda - \Delta = 0.$$

71. Nous allons maintenant discuter cette équation.

La condition de réalité des racines est donnée par l'inégalité :

$$(13) \qquad U^2 + V\Delta > 0.$$

Or, si dans le déterminant V on applique aux quatre éléments $\begin{matrix} o & o \\ o & o \end{matrix}$, que je remplacerai, pour un instant, par $\begin{vmatrix} \alpha & \beta \\ \beta & \gamma \end{vmatrix}$, la formule

$$V \frac{d^2 V}{d\alpha\, d\gamma} = \frac{dV}{d\alpha} \frac{dV}{d\gamma} - \left(\frac{dV}{d\beta} \right)^2,$$

on obtient la relation

$$(14) \qquad V\Delta + U^2 = TS.$$

Nous arrivons ainsi à cette conclusion :

Suivant que le produit des deux déterminants T *et* S *est positif, nul ou négatif, les deux cônes, passant par les coniques* (φ, M), (φ, N), *sont réels, se confondent ou sont imaginaires.*

On voit par la relation (14), que les deux cônes ne se confondront que dans le cas où l'un ou l'autre des déterminants T, S, sera nul; c'est-à-dire que l'une des coniques se réduira à un point ou à deux droites (56.)

72. Le problème admettra toujours *deux solutions réelles*, lorsque les déterminants Δ et V seront tous deux de même signe, ou lorsque l'un ou l'autre de ces deux déterminants sera nul.

Parcourons ces différentes hypothèses :

1°. ($\Delta > o$, $V > o$); la droite I, intersection des deux plans M $=$ o, N $=$ o, ne rencontre pas la surface $\varphi = o$ sur laquelle sont les deux coniques, et cette surface $\varphi = o$ est, dans le cas actuel, une surface réglée gauche, c'est-à-dire un hyberboloïde à une nappe, ou un paraboloïde hyperbolique, ou un ellipsoïde imaginaire (n° 23 et 36).

2°. $(\Delta < 0, V < 0)$; la droite I rencontre la surface φ, laquelle est, dans ce cas, un ellipsoïde réel, ou un hyperboloïde à deux nappes, ou un paraboloïde elliptique (n°s 21 et 36).

3°. $(\Delta = 0)$; la surface φ est un cône et les valeurs de λ sont alors 0 et $-\dfrac{2U}{V}$. Ainsi, lorsque deux coniques sont placées sur un cône du second degré, on peut toujours faire passer par ces coniques un cône différent du premier et un seul.

4°. $(V = 0)$; la droite I est tangente à la surface φ, et les deux coniques sont elles-mêmes tangentes à la droite I. Les valeurs de λ sont alors ∞ et $\dfrac{\Delta}{2U}$; l'un des deux cônes se réduit aux deux plans M et N.

Lorsque le problème n'admet qu'une *seule solution* il faut d'abord que Δ et V soient de signes contraires, et, en outre, que l'un ou l'autre des déterminants T et S soit nul; nous supposerons, par exemple, $T = 0$.

1°. $(\Delta < 0, V > 0)$; la surface φ est dénuée de génératrices rectilignes et n'est pas rencontrée par la droite I; de plus, le plan M est tangent à la surface φ, qu'il coupe suivant un point; ce point est le sommet du cône unique.

2°. $(\Delta > 0, V < 0)$; la surface φ est réglée et gauche, et est rencontrée par la droite I; de plus, le plan M est tangent à la surface φ, et il la coupe suivant deux droites; ces deux droites sont situées sur le cône unique qui a pour sommet le point de contact.

Je n'insisterai pas d'avantage sur cette discussion.

73. Cherchons maintenant les relations qui doivent exister entre les quantités $a_{r,s}$, m_i, n_i, pour qu'on puisse faire passer un cylindre du second degré par les deux coniques (φ, M) et (φ, N).

Il faut d'abord que le discriminant de l'équation (3) soit nul ; ce qui laisse subsister les calculs précédents, et conduit, par suite, à l'équation (I) (n° 70).

Il faut, en second lieu (35), remplir la condition suivante :

$$(15) \quad \begin{vmatrix} a_{11} + \lambda M_{11} & a_{12} + \lambda M_{12} & a_{13} + \lambda M_{13} \\ a_{21} + \lambda M_{21} & a_{22} + \lambda M_{22} & a_{23} + \lambda M_{23} \\ a_{31} + \lambda M_{31} & a_{32} + \lambda M_{32} & a_{33} + \lambda M_{33} \end{vmatrix} = 0.$$

Cette équation en λ, qui est en apparence du troisième degré, se réduit au second, parce que le coefficient de λ^3 est une des dérivées partielles du déterminant Δ. La comparaison de cette dernière équation (15) avec l'équation (5), que nous avons développée ci-dessus, nous conduit sans nouveaux calculs à la relation

$$\frac{dV}{da_{44}} \lambda^2 + 2 \frac{dU}{da_{44}} \lambda - \frac{d\Delta}{da_{44}} = 0.$$

Ainsi, *pour que la surface*

$$\varphi + 2\lambda MN = 0,$$

passant par les deux coniques (φ, M) *et* (φ, N), *soit un cylindre elliptique ou hyperbolique, il faut que le paramètre indéterminé* λ *vérifie les deux équations*

$$(II) \quad \begin{cases} V\lambda^2 + 2U\lambda - \Delta = 0, \\ \dfrac{dV}{da_{44}} \lambda^2 + 2 \dfrac{dU}{da_{44}} \lambda - \dfrac{d\Delta}{da_{44}} = 0. \end{cases}$$

Lorsque les équations (II) ont deux solutions communes, ce qui entraîne les deux équations de condition

$$(III) \quad \frac{\dfrac{dV}{da_{44}}}{V} = \frac{\dfrac{dU}{da_{44}}}{U} = \frac{\dfrac{d\Delta}{da_{44}}}{\Delta},$$

il existe deux cylindres passant par les deux coniques données.

Lorsque les équations (II) ont une seule racine commune, ce qui entraîne la condition

$$(17) \quad \left(\Delta \frac{d\mathrm{V}}{da_{44}} - \mathrm{V}\frac{d\Delta}{da_{44}} \right)^2 = 4 \left(\mathrm{V}\frac{d\mathrm{U}}{da_{44}} - \mathrm{U} \frac{d\mathrm{V}}{da_{44}} \right)\left(\Delta\frac{d\mathrm{U}}{da_{44}} - \mathrm{U}\frac{d\Delta}{da_{44}} \right),$$

qu'on peut écrire

$$\Delta^2 \left[\frac{d}{da_{44}} \left(\frac{\mathrm{V}}{\Delta} \right) \right]^2 = 4\,\mathrm{V}^2 \left[\frac{d}{da_{44}} \left(\frac{\mathrm{U}}{\mathrm{V}} \right) \right]\left[\frac{d}{da_{44}} \left(\frac{\mathrm{U}}{\Delta} \right) \right],$$

on obtient un cône et un seul cylindre passant par les deux coniques données.

En suivant la marche qui a été adoptée dans la discussion précédente, on pourra, sans difficulté, assigner toutes les particularités que présente la question actuelle.

74. Cherchons enfin les conditions pour qu'on puisse faire passer un *cylindre parabolique* par les deux coniques (φ, M) et (φ, N).

Il faut, dans ce cas, satisfaire à trois conditions (35).

La première est exprimée, par la relation (15) : elle conduit à l'équation

$$\frac{d\mathrm{V}}{da_{44}}\lambda^2 + 2\frac{d\mathrm{U}}{da_{44}}\lambda - \frac{d\Delta}{da_{44}} = 0.$$

Les deux autres conditions sont :

$$\begin{vmatrix} a_{11} + \lambda\,\mathrm{M}_{11} & a_{12} + \lambda\,\mathrm{M}_{12} \\ a_{21} + \lambda\,\mathrm{M}_{21} & a_{22} + \lambda\,\mathrm{M}_{22} \end{vmatrix} = 0.$$

$$\begin{vmatrix} a_{11} + \lambda\,\mathrm{M}_{11} & a_{13} + \lambda\,\mathrm{M}_{13} \\ a_{31} + \lambda\,\mathrm{M}_{31} & a_{33} + \lambda\,\mathrm{M}_{33} \end{vmatrix} = 0.$$

En développant ces deux conditions, on sera amené à la conclusion suivante :

Pour que la surface

$$\varphi + 2\lambda MN = 0,$$

passant par les deux coniques (φ, M) *et* (φ, N) *soit un cylindre parabolique, il faut que le paramètre indéterminé* λ *vérifie les trois équations*

$$(\text{III})\quad\begin{cases}\dfrac{d V}{d a_{44}}\lambda^2 + 2\dfrac{d U}{d a_{44}}\lambda - \dfrac{d\Delta}{d a_{44}} = 0,\\[2ex]\dfrac{d^2 V}{d a_{44}\,d a_{33}}\lambda^2 + 2\dfrac{d^2 U}{d a_{44}\,d a_{33}}\lambda - \dfrac{d^2\Delta}{d a_{44}\,d a_{33}} = 0,\\[2ex]\dfrac{d^2 V}{d a_{44}\,d a_{22}}\lambda^2 + 2\dfrac{d^2 U}{d a_{44}\,d a_{22}}\lambda - \dfrac{d^2\Delta}{d a_{44}\,d a_{22}} = 0.\end{cases}$$

Ces trois équations entraînent comme conséquence l'équation (I). Suivant que ces trois équations auront une ou deux racines communes, on pourra faire passer par les deux coniques un ou deux cylindres paraboliques.

75. On pourrait déduire des résultats que nous venons d'obtenir les équations d'un cône ou d'un cylindre circonscrits à une surface du second ordre; mais nous arriverons à des formes d'équation plus remarquables en abordant ce problème d'une autre manière.

Je me contenterai, pour terminer la question objet de ce paragraphe, de donner les coordonnées du sommet du cône et la direction des génératrices du cylindre.

Si l'on a égard aux remarques faites dans les numéros 60 et 62, on aura :

1°. Pour les coordonnées $\dfrac{\alpha_1}{\alpha_4}$, $\dfrac{\alpha_2}{\alpha_4}$, $\dfrac{\alpha_3}{\alpha_4}$ du sommet du cône passant par les coniques (φ, M) et (φ, N) :

(105)

$$(18)\quad\begin{cases} \alpha_1 = \dfrac{dV}{da_{11}}\lambda^2 + 2\dfrac{dU}{da_{11}}\lambda - \dfrac{d\Delta}{da_{11}}, \\[2ex] \alpha_2 = \dfrac{dV}{da_{21}}\lambda^2 + 2\dfrac{dU}{da_{21}}\lambda - \dfrac{d\Delta}{da_{21}}, \\[2ex] \alpha_3 = \dfrac{dV}{da_{31}}\lambda^2 + 2\dfrac{dU}{da_{31}}\lambda - \dfrac{d\Delta}{da_{31}}, \\[2ex] \alpha_4 = \dfrac{dV}{da_{41}}\lambda^2 + 2\dfrac{dU}{da_{41}}\lambda - \dfrac{d\Delta}{da_{41}}, \end{cases}$$

en y joignant l'équation

$$V\lambda^2 + 2U\lambda - \Delta = 0.$$

2°. Pour la direction $\dfrac{\alpha_1}{\alpha_3}$, $\dfrac{\alpha_2}{\alpha_3}$, des génératrices du cylindre passant par les coniques (φ, M) et (φ, N) :

$$(19)\quad\begin{cases} \alpha_1 = \dfrac{dV}{da_{13}}\lambda^2 + 2\dfrac{dU}{da_{13}}\lambda - \dfrac{d\Delta}{da_{13}}, \\[2ex] \alpha_2 = \dfrac{dV}{da_{23}}\lambda^2 + 2\dfrac{dU}{da_{23}}\lambda - \dfrac{d\Delta}{da_{23}}, \\[2ex] \alpha_3 = \dfrac{dV}{da_{33}}\lambda^2 + 2\dfrac{dU}{da_{33}}\lambda - \dfrac{d\Delta}{da_{33}}, \end{cases}$$

en y joignant les équations relatives au cylindre :

$$V\lambda^2 + 2U\lambda - \Delta = 0,$$
$$\dfrac{dV}{da_{44}}\lambda^2 + 2\dfrac{dU}{da_{44}}\lambda - \dfrac{d\Delta}{da_{44}} = 0.$$

Les quantités α_1, α_2, α_3, sont proportionnelles aux cosinus des angles que la direction des génératrices fait avec les axes x_1, x_2, x_3, si ces axes sont rectangulaires.

Dans plusieurs classes de problèmes, ces dernières formules pourront être d'une grande utilité.

§ III. — *Équations générales des cônes et cylindres circonscrits à une surface du second ordre.*

76. Cherchons, en premier lieu, l'équation d'un cône circonscrit à une surface du second degré, et ayant pour sommet un point donné $\dfrac{x_1}{x_4}$, $\dfrac{x_2}{x_4}$, $\dfrac{x_3}{x_4}$.

Si l'on exprime que la droite

$$(1) \qquad \begin{cases} m_1 x_1 + m_2 x_2 + m_3 x_3 + m_4 x_4 = 0, \\ n_1 x_1 + n_2 x_2 + n_3 x_3 + n_4 x_4 = 0, \end{cases}$$

passe par le point fixe $\dfrac{x_1}{x_4}$, $\dfrac{x_2}{x_4}$, $\dfrac{x_3}{x_4}$, et qu'elle est, en outre, tangente à la surface du second degré, on aura les relations :

$$(2) \qquad \begin{cases} m_1 \alpha_1 + m_2 \alpha_2 + m_3 \alpha_3 + m_4 \alpha_4 = 0, \\ n_1 \alpha_1 + n_2 \alpha_2 + n_3 \alpha_3 + n_4 \alpha_4 = 0, \end{cases}$$

$$(3) \qquad V = \begin{vmatrix} a_{11} & a_{12} & a_{13} & a_{14} & m_1 & n_1 \\ a_{21} & a_{22} & a_{23} & a_{24} & m_2 & n_2 \\ a_{31} & a_{32} & a_{33} & a_{34} & m_3 & n_3 \\ a_{41} & a_{42} & a_{43} & a_{44} & m_4 & n_4 \\ m_1 & m_2 & m_3 & m_4 & 0 & 0 \\ n_1 & n_2 & n_3 & n_4 & 0 & 0 \end{vmatrix} = 0.$$

On obtiendra, par conséquent, l'équation cherchée de la surface conique en éliminant m_1, m_2, m_3, m_4, n_1, n_2, n_3, n_4, entre les cinq équations (1), (2) et (3).

77. Pour effectuer cette élimination, j'introduirai les notations suivantes. Je désignerai par φ le premier membre de l'équation de la surface du second degré ; par X_1, X_2, X_3, X_4, les demi-dérivées $\dfrac{1}{2}\dfrac{d\varphi}{dx_1}$, $\dfrac{1}{2}\dfrac{d\varphi}{dx_2}$, $\dfrac{1}{2}\dfrac{d\varphi}{dx_3}$,

$\frac{1}{2}\frac{d\varphi}{dx_4}$; puis, par φ_0, A_1, A_2, A_3, A_4, ces mêmes expressions dans lesquelles on aura remplacé x_1, x_2, x_3, x_4, respectivement par α_1, α_2, α_3, α_4. Nous aurons, d'après cela,

$$(4)\qquad \left\{\begin{aligned} X_r &= a_{r1}x_1 + a_{r2}x_2 + a_{r3}x_3 + a_{r4}x_4 \\ &= a_{1r}x_1 + a_{2r}x_2 + a_{3r}x_3 + a_{4r}x_4, \\ A_r &= a_{r1}\alpha_1 + a_{r2}\alpha_2 + a_{r3}\alpha_3 + a_{r4}\alpha_4 \\ &= a_{1r}\alpha_1 + a_{2r}\alpha_2 + a_{3r}\alpha_3 + a_{4r}\alpha_4, \\ &\text{où}\quad r = 1, 2, 3, 4; \end{aligned}\right.$$

puis, d'après le principe des fonctions homogènes :

$$(5)\qquad \left\{\begin{aligned} \varphi &= x_1 X_1 + x_2 X_2 + x_3 X_3 + x_4 X_4, \\ \varphi_0 &= \alpha_1 A_1 + \alpha_2 A_2 + \alpha_3 A_3 + \alpha_4 A_4. \end{aligned}\right.$$

78. En représentant, pour un instant, par $\begin{matrix}\alpha & \beta \\ \beta & \gamma\end{matrix}$ le carré $\begin{matrix}0 & 0 \\ 0 & 0\end{matrix}$ du déterminant V, nous aurons les équations :

$$(6)\qquad \left\{\begin{aligned} &a_{11}\frac{dV}{dn_1} + a_{21}\frac{dV}{dn_2} + a_{31}\frac{dV}{dn_3} + a_{41}\frac{dV}{dn_4} + m_1\frac{dV}{d\beta} + n_1\frac{dV}{d\gamma} = 0, \\ &a_{12}\frac{dV}{dn_1} + a_{22}\frac{dV}{dn_2} + a_{32}\frac{dV}{dn_3} + a_{42}\frac{dV}{dn_4} + m_2\frac{dV}{d\beta} + n_2\frac{dV}{d\gamma} = 0, \\ &a_{13}\frac{dV}{dn_1} + a_{23}\frac{dV}{dn_2} + a_{33}\frac{dV}{dn_3} + a_{43}\frac{dV}{dn_4} + m_3\frac{dV}{d\beta} + n_3\frac{dV}{d\gamma} = 0, \\ &a_{14}\frac{dV}{dn_1} + a_{24}\frac{dV}{dn_2} + a_{34}\frac{dV}{dn_3} + a_{44}\frac{dV}{dn_4} + m_4\frac{dV}{d\beta} + n_4\frac{dV}{d\gamma} = 0, \\ &m_1\frac{dV}{dn_1} + m_2\frac{dV}{dn_2} + m_3\frac{dV}{dn_3} + m_4\frac{dV}{dn_4} + \quad 0 \quad + \quad 0 \quad = 0, \\ &n_1\frac{dV}{dn_1} + n_2\frac{dV}{dn_2} + n_3\frac{dV}{dn_3} + n_4\frac{dV}{dn_4} + \quad 0 \quad + \quad 0 \quad = V = 0; \end{aligned}\right.$$

ces relations résultent de la propriété fondamentale des déterminants.

Si l'on multiplie les quatre premières de ces équations respectivement par x_1, x_2, x_3, x_4, puis qu'on ajoute les résultats, en ayant égard aux identités (1) et (4), il viendra

$$X_1 \frac{dV}{dn_1} + X_2 \frac{dV}{dn_2} + X_3 \frac{dV}{dn_3} + X_4 \frac{dV}{dn_4} = 0.$$

On obtiendra de même, en multipliant par $\alpha_1, \alpha_2, \alpha_3, \alpha_4$, et en ayant égard aux relations (2) et (4),

$$A_1 \frac{dV}{dn_1} + A_2 \frac{dV}{dn_2} + A_3 \frac{dV}{dn_3} + A_4 \frac{dV}{dn_4} = 0.$$

L'élimination de $\frac{dV}{dn_1}, \frac{dV}{dn_2}, \frac{dV}{dn_3}, \frac{dV}{dn_4}$, entre les deux dernières équations du groupe (6) et les deux qu'on vient de déduire, conduit immédiatement à la relation

$$(7) \qquad V_1 = \begin{vmatrix} X_1 & A_1 & m_1 & n_1 \\ X_2 & A_2 & m_2 & n_2 \\ X_3 & A_3 & m_3 & n_3 \\ X_4 & A_4 & m_4 & n_4 \end{vmatrix} = 0.$$

Cette dernière équation fournira les suivantes :

$$\begin{cases} X_1 \frac{dV_1}{dX_1} + A_1 \frac{dV_1}{dA_1} + m_1 \frac{dV_1}{dm_1} + n_1 \frac{dV_1}{dn_1} = V_1 = 0, \\[2mm] X_2 \frac{dV_1}{dX_1} + A_2 \frac{dV_1}{dA_1} + m_2 \frac{dV_1}{dm_1} + n_2 \frac{dV_1}{dn_1} = 0, \\[2mm] X_3 \frac{dV_1}{dX_1} + A_3 \frac{dV_1}{dA_1} + m_3 \frac{dV_1}{dm_1} + n_3 \frac{dV_1}{dn_1} = 0, \\[2mm] X_4 \frac{dV_1}{dX_1} + A_4 \frac{dV_1}{dA_1} + m_4 \frac{dV_1}{dm_1} + n_4 \frac{dV_1}{dn_1} = 0, \end{cases}$$

En ajoutant ces quatre relations multipliées d'abord

par x_1, x_2, x_3, x_4, puis par $\alpha_1, \alpha_2, \alpha_3, \alpha_4$, on trouvera successivement

$$\begin{cases} \varphi \dfrac{d V_1}{d X_1} + (x_1 A_1 + x_2 A_2 + x_3 A_3 + x_4 A_4) \dfrac{d V_1}{d A_1} = 0, \\ (\alpha_1 X_1 + \alpha_2 X_2 + \alpha_3 X_3 + \alpha_4 X_4) \dfrac{d V_1}{d X_1} + \varphi_0 \dfrac{d V_1}{d A_1} = 0. \end{cases}$$

L'élimination de $\dfrac{d V_1}{d X_1}, \dfrac{d V_1}{d A_1}$, entre ces deux dernières équations conduira précisément à l'équation cherchée.

On a ainsi pour l'équation générale des cônes circonscrits à une surface du second ordre :

$$(8) \qquad \begin{cases} \varphi \varphi_0 - (x_1 A_1 + x_2 A_2 + x_3 A_3 + x_4 A_4) \\ \qquad \times (\alpha_1 X_1 + \alpha_2 X_2 + \alpha_3 X_3 + \alpha_4 X_4) = 0. \end{cases}$$

Il est aisé de vérifier que les deux derniers facteurs sont identiquement égaux.

79. On peut donner une forme très-remarquable à cette dernière équation.

Désignant toujours par Δ le discriminant de la fonction φ, posons

$$(9) \qquad \alpha_{rs} = \frac{d \Delta}{d a_{rs}}.$$

On sait que si l'on représente par S le déterminant dont les éléments sont α_{rs}, on a les deux identités

$$(10) \qquad \begin{cases} S = \Delta^3, \\ \dfrac{d S}{d \alpha_{rs}} = \Delta^2 a_{rs}. \end{cases}$$

(Brioschi, *Théorie des déterminants*, p. 41).

Ceci admis, considérons le déterminant

$$(11) \qquad C = \begin{vmatrix} \alpha_{11} & \alpha_{12} & \alpha_{13} & \alpha_{14} & x_1 & \alpha_1 \\ \alpha_{21} & \alpha_{22} & \alpha_{23} & \alpha_{24} & x_2 & \alpha_2 \\ \alpha_{31} & \alpha_{32} & \alpha_{33} & \alpha_{34} & x_3 & \alpha_3 \\ \alpha_{41} & \alpha_{42} & \alpha_{43} & \alpha_{44} & x_4 & \alpha_4 \\ x_1 & x_2 & x_3 & x_4 & 0 & 0 \\ \alpha_1 & \alpha_2 & \alpha_3 & \alpha_4 & 0 & 0 \end{vmatrix}$$

On aura, d'après une formule fréquemment employée,

$$(12) \qquad C\,\frac{d^2 C}{d\alpha\,d\gamma} = \frac{dC}{d\alpha}\,\frac{dC}{d\gamma} - \left(\frac{dC}{d\beta}\right)^2,$$

en représentant le carré $\begin{smallmatrix} 0 & 0 \\ 0 & 0 \end{smallmatrix}$ par $\begin{smallmatrix} \alpha & \beta \\ \beta & \gamma \end{smallmatrix}$.

Or, si l'on a égard aux identités (10), on vérifiera immédiatement les relations suivantes :

$$(13) \qquad \left\{ \begin{aligned} \frac{d^2 C}{d\alpha\,d\gamma} &= S = \Delta^3, \\[4pt] \frac{dC}{d\gamma} &= -\,\Delta^2 \varphi, \\[4pt] \frac{dC}{d\alpha} &= -\,\Delta^2 \varphi_0, \\[4pt] \frac{dC}{d\beta} &= -\,\Delta^2 (\alpha_1 X_1 + \alpha_2 X_2 + \alpha_3 X_3 + \alpha_4 X_4) \\ &= -\,\Delta^2 (x_1 A_1 + x_2 A_2 + x_3 A_3 + x_4 A_4). \end{aligned} \right.$$

L'identité (10) donne alors

$$(14) \qquad C = \Delta \left[\begin{aligned} &\varphi\varphi_0 - (\alpha_1 X_1 + \alpha_2 X_2 + \alpha_3 X_3 + \alpha_4 X_4) \\ &\times (x_1 A_1 + x_2 A_2 + x_3 A_3 + x_4 A_4) \end{aligned} \right].$$

Du rapprochement des relations (8), (11) et (14), nous conclurons que l'équation d'un cône ayant pour sommet

$\dfrac{x_1}{x_4}, \dfrac{x_2}{x_4}, \dfrac{x_3}{x_4}$, et circonscrit à une surface du second degré qui a pour discriminant Δ, peut se mettre sous la forme simple et mnémonique :

$$(15) \quad \begin{vmatrix} \dfrac{d\Delta}{da_{11}} & \dfrac{d\Delta}{da_{12}} & \dfrac{d\Delta}{da_{13}} & \dfrac{d\Delta}{da_{14}} & x_1 & \alpha_1 \\[2mm] \dfrac{d\Delta}{da_{21}} & \dfrac{d\Delta}{da_{22}} & \dfrac{d\Delta}{da_{23}} & \dfrac{d\Delta}{da_{24}} & x_2 & \alpha_2 \\[2mm] \dfrac{d\Delta}{da_{31}} & \dfrac{d\Delta}{da_{32}} & \dfrac{d\Delta}{da_{33}} & \dfrac{d\Delta}{da_{34}} & x_3 & \alpha_3 \\[2mm] \dfrac{d\Delta}{da_{41}} & \dfrac{d\Delta}{da_{42}} & \dfrac{d\Delta}{da_{43}} & \dfrac{d\Delta}{da_{44}} & x_4 & \alpha_4 \\[2mm] x_1 & x_2 & x_3 & x_4 & 0 & 0 \\[1mm] \alpha_1 & \alpha_2 & \alpha_3 & \alpha_4 & 0 & 0 \end{vmatrix} = 0.$$

80. Cherchons maintenant l'équation d'un cylindre circonscrit à la surface $\varphi = 0$.

Il faut d'abord exprimer que la droite quelconque

$$(16) \quad \begin{cases} m_1 x_1 + m_2 x_2 + m_3 x_3 + m_4 x_4 = 0, \\ n_1 x_1 + n_2 x_2 + n_3 x_3 + n_4 x_4 = 0, \end{cases}$$

est parallèle à une droite fixe donnée

$$(17) \quad \begin{cases} \alpha_1 x_1 + \alpha_2 x_2 + \alpha_3 x_3 + \alpha_4 x_4 = 0, \\ \beta_1 x_1 + \beta_2 x_2 + \beta_3 x_3 + \beta_4 x_4 = 0, \end{cases}$$

ce qui entraîne les relations

$$(18) \quad \begin{cases} \begin{vmatrix} m_1 & n_1 \\ m_2 & n_2 \end{vmatrix} = \lambda \begin{vmatrix} \alpha_1 & \beta_1 \\ \alpha_2 & \beta_2 \end{vmatrix} \\[3mm] \begin{vmatrix} m_2 & n_2 \\ m_3 & n_3 \end{vmatrix} = \lambda \begin{vmatrix} \alpha_2 & \beta_2 \\ \alpha_3 & \beta_3 \end{vmatrix} \\[3mm] \begin{vmatrix} m_3 & n_3 \\ m_4 & n_4 \end{vmatrix} = \lambda \begin{vmatrix} \alpha_3 & \beta_3 \\ \alpha_4 & \beta_4 \end{vmatrix} \end{cases}$$

λ étant une constante indéterminée.

Il faut, en second lieu, exprimer que la droite (16) est tangente à la surface φ, ce qui donne (36)

$$(19) \qquad V = \begin{vmatrix} a_{11} & a_{12} & a_{13} & a_{14} & m_1 & n_1 \\ a_{21} & a_{22} & a_{23} & a_{24} & m_2 & n_2 \\ a_{31} & a_{32} & a_{33} & a_{34} & m_3 & n_3 \\ a_{41} & a_{42} & a_{43} & a_{44} & m_4 & n_4 \\ m_1 & m_2 & m_3 & m_4 & 0 & 0 \\ n_1 & n_2 & n_3 & n_4 & 0 & 0 \end{vmatrix} = 0.$$

On obtiendra donc l'équation du cylindre circonscrit en éliminant les m_i, n_i entre les équations (16), (18) et (19).

81. Pour effectuer cette élimination, il est nécessaire de transformer le déterminant V. Multiplions les trois premières lignes par x_1, x_2, x_3, et ajoutons les résultats ainsi obtenus à la quatrième, multipliée elle-même par x_4, il viendra, en ayant égard aux relations (4) et (16) :

$$(20) \qquad \begin{vmatrix} a_{11} & a_{12} & a_{13} & a_{14} & m_1 & n_1 \\ a_{21} & a_{22} & a_{23} & a_{24} & m_2 & n_1 \\ a_{31} & a_{32} & a_{33} & a_{34} & m_3 & n_3 \\ X_1 & X_2 & X_3 & X_4 & 0 & 0 \\ m_1 & m_2 & m_3 & m_4 & 0 & 0 \\ n_1 & n_2 & n_3 & n_4 & 0 & 0 \end{vmatrix} = 0.$$

Multiplions maintenant les trois premières colonnes de ce dernier déterminant par x_1, x_2, x_3, et ajoutons les résultats à la quatrième, multipliée elle-même par x_4, nous obtiendrons l'équation :

$$(21) \qquad \begin{vmatrix} a_{11} & a_{12} & a_{13} & X_1 & m_1 & n_1 \\ a_{21} & a_{22} & a_{23} & X_2 & m_2 & n_2 \\ a_{31} & a_{32} & a_{33} & X_3 & m_3 & n_3 \\ X_1 & X_2 & X_3 & \varphi & 0 & 0 \\ m_1 & m_2 & m_3 & 0 & 0 & 0 \\ n_1 & n_2 & n_3 & 0 & 0 & 0 \end{vmatrix} = 0.$$

Or remarquons que si l'on développait ce déterminant, les m_i, n_i, n'y entreraient que sous les formes

$$\begin{vmatrix} m_1 & n_1 \\ m_2 & n_2 \end{vmatrix}, \begin{vmatrix} m_2 & n_2 \\ m_3 & n_3 \end{vmatrix}, \begin{vmatrix} m_3 & n_3 \\ m_1 & n_1 \end{vmatrix} ; \text{ et, de plus, le résultat}$$

serait homogène par rapport à ces binômes.

Il en résulte, si l'on fait attention aux relations (18), que l'élimination s'effectuera par la simple substitution, dans l'équation (21), des α_i aux m_i, et des β_i aux n_i.

On trouve ainsi, pour l'équation d'un cylindre dont les génératrices sont parallèles à la droite (17), et qui est circonscrit à la surface du second ordre $\varphi = 0$,

$$(22) \qquad \begin{vmatrix} a_{11} & a_{12} & a_{13} & X_1 & \alpha_1 & \beta_1 \\ a_{21} & a_{22} & a_{23} & X_2 & \alpha_2 & \beta_2 \\ a_{31} & a_{32} & a_{33} & X_3 & \alpha_3 & \beta_3 \\ X_1 & X_2 & X_3 & \varphi & 0 & 0 \\ \alpha_1 & \alpha_2 & \alpha_3 & 0 & 0 & 0 \\ \beta_1 & \beta_2 & \beta_3 & 0 & 0 & 0 \end{vmatrix} = 0.$$

On peut encore donner à ce dernier déterminant une forme beaucoup plus simple. Retranchons de la quatrième colonne les trois premières respectivement multipliées par x_1, x_2, x_3; puis opérons de la même manière sur les lignes du déterminant ainsi obtenu, en ayant toujours égard aux identités (4) et (5), on arrive à la forme définitive pour l'équation du cylindre circonscrit :

$$(23) \qquad \begin{vmatrix} a_{11} & a_{12} & a_{13} & a_{14} & \alpha_1 & \beta_1 \\ a_{21} & a_{22} & a_{23} & a_{24} & \alpha_2 & \beta_2 \\ a_{31} & a_{32} & a_{33} & a_{34} & \alpha_3 & \beta_3 \\ a_{41} & a_{42} & a_{43} & a_{44} & A & B \\ \alpha_1 & \alpha_2 & \alpha_3 & A & 0 & 0 \\ \beta_1 & \beta_2 & \beta_3 & B & 0 & 0 \end{vmatrix} = 0.$$

Les quantités A et B sont définies par les équations
suivantes :

$$(24) \quad \begin{cases} A = - \left(\alpha_1 \dfrac{x_1}{x_4} + \alpha_2 \dfrac{x_2}{x_4} + \alpha_3 \dfrac{x_3}{x_4} \right), \\ B = - \left(\beta_1 \dfrac{x_1}{x_4} + \beta_2 \dfrac{x_2}{x_4} + \beta_3 \dfrac{x_3}{x_4} \right); \end{cases}$$

ce sont les premiers membres, changés de signe, des
équations d'une droite passant par l'origine et parallèle
à la direction donnée des génératrices du cylindre.

CHAPITRE IV.

PROPRIÉTÉS DES SURFACES DU SECOND ORDRE.

---

§ 1. — *Centre.* — *Plans conjugués.* — *Polaires réciproques.* — *Génératrices rectilignes.*

1°. *Centre.*

82. Représentons par $\dfrac{X_1}{X_4}$, $\dfrac{X_2}{X_4}$, $\dfrac{X_3}{X_4}$ les coordonnées du centre de la surface ayant pour équation

$$
(1) \quad \varphi = \left\{
\begin{aligned}
& a_{11}\, x_1^2 + a_{22}\, x_2^2 + a_{33}\, x_3^2 + a_{44}\, x_4^2 \\
& + 2\, a_{12}\, x_1\, x_2 + 2\, a_{13}\, x_1\, x_3 + 2\, a_{14}\, x_1\, x_4 \\
& + 2\, a_{23}\, x_2\, x_3 + 2\, a_{24}\, x_2\, x_4 + 2\, a_{34}\, x_3\, x_4
\end{aligned}
\right\} = 0;
$$

on sait que les coordonnées du centre vérifient les équations

$$
(2) \quad \left\{
\begin{aligned}
\frac{1}{2}\frac{d\varphi}{dx_1} &= a_{11}\, X_1 + a_{12}\, X_2 + a_{13}\, X_3 + a_{14}\, X_4 = 0, \\[2mm]
\frac{1}{2}\frac{d\varphi}{dx_2} &= a_{21}\, X_1 + a_{22}\, X_2 + a_{23}\, X_3 + a_{24}\, X_4 = 0, \\[2mm]
\frac{1}{2}\frac{d\varphi}{dx_3} &= a_{31}\, X_1 + a_{32}\, X_2 + a_{33}\, X_3 + a_{34}\, X_4 = 0.
\end{aligned}
\right.
$$

Or le discriminant

$$
\Delta =
\begin{vmatrix}
a_{11} & a_{12} & a_{13} & a_{14} \\
a_{21} & a_{22} & a_{23} & a_{24} \\
a_{31} & a_{32} & a_{33} & a_{34} \\
a_{41} & a_{42} & a_{43} & a_{44}
\end{vmatrix}
$$

8.

donne identiquement

$$(3) \quad \begin{cases} a_{11}\dfrac{d\Delta}{da_{41}} + a_{12}\dfrac{d\Delta}{da_{42}} + a_{13}\dfrac{d\Delta}{da_{43}} + a_{14}\dfrac{d\Delta}{da_{44}} = 0, \\[2ex] a_{21}\dfrac{d\Delta}{da_{41}} + a_{22}\dfrac{d\Delta}{da_{42}} + a_{23}\dfrac{d\Delta}{da_{43}} + a_{24}\dfrac{d\Delta}{da_{44}} = 0, \\[2ex] a_{31}\dfrac{d\Delta}{da_{41}} + a_{32}\dfrac{d\Delta}{da_{42}} + a_{33}\dfrac{d\Delta}{da_{43}} + a_{34}\dfrac{d\Delta}{da_{44}} = 0. \end{cases}$$

La comparaison des systèmes d'équations (2) et (3) nous fournit immédiatement les coordonnées du centre

$$(4) \quad \left(X_1 = \frac{d\Delta}{da_{41}}, \quad X_2 = \frac{d\Delta}{da_{42}}, \quad X_3 = \frac{d\Delta}{da_{43}}, \quad X_4 = \frac{d\Delta}{da_{44}} \right).$$

La surface, rapportée à son centre, aura alors pour équation

$$(5) \quad \begin{cases} a_{11}x_1^2 + a_{22}x_2^2 + a_{33}x_3^2 + 2a_{12}x_1x_2 + 2a_{13}x_1x_3 + 2a_{23}x_2x_3 \\[2ex] \qquad + \dfrac{\Delta}{\dfrac{d\Delta}{da_{44}}}x_4^2 = 0. \end{cases}$$

83. Si l'on regarde le premier membre de l'équation (1) comme une fonction des variables $\dfrac{x_1}{x_4}$, $\dfrac{x_2}{x_4}$, $\dfrac{x_3}{x_4}$ et qu'on y remplace ces variables par $\dfrac{X_1}{X_4}$, $\dfrac{X_2}{X_4}$, $\dfrac{X_3}{X_4}$, la fonction acquerra, en général, une valeur maximum ou minimum.

Or on a, d'après le principe des fonctions homogènes,

$$2\varphi = x_1\frac{d\varphi}{dx_1} + x_2\frac{d\varphi}{dx_2} + x_3\frac{d\varphi}{dx_3} + x_4\frac{d\varphi}{dx_4}.$$

En désignant par Φ la valeur de φ lorsqu'on y fait

$$x_r = X_r$$

où

$$r = 1, 2, 3, 4,$$

(117)

il viendra, eu égard aux relations (2),

$$2\Phi = X_4\,\frac{d\Phi}{dX_4}.$$

D'un autre côté,

$$\frac{1}{2}\frac{d\Phi}{dX_4} = a_{41}\,X_1 + a_{42}\,X_2 + a_{43}\,X_3 + a_{44}\,X_4;$$

ou, d'après les valeurs (4),

$$\frac{1}{2}\frac{d\Phi}{dX_4} = a_{41}\frac{d\Delta}{da_{41}} + a_{42}\frac{d\Delta}{da_{42}} + a_{43}\frac{d\Delta}{da_{43}} + a_{44}\frac{d\Delta}{da_{44}} = \Delta.$$

Par suite, la fonction que nous considérons, c'est-à-dire $\frac{1}{x_4^2}\,\varphi$, aura pour valeur, dans ce cas,

$$(6)\qquad\qquad \frac{1}{X_4^2}\,\Phi = \frac{\Delta}{\dfrac{d\Delta}{da_{44}}}.$$

En appliquant les règles ordinaires du calcul des valeurs maxima et minima, on constate facilement que la fonction $\frac{1}{x_4^2}\,\varphi$ n'obtient de telles valeurs que lorsque cette fonction, égalée à zéro, représente une surface appartenant au genre ellipsoïde; et alors

il y a *maximum*, si $\dfrac{d\Delta}{da_{44}} < 0$,   il y a *minimum*, si $\dfrac{d\Delta}{da_{44}} > 0$.

84. Dans tout ce qui précède, nous avons supposé implicitement $\dfrac{d\Delta}{da_{44}}$ différent de zéro; sans quoi les équations (2) n'admettraient plus une solution finie et déterminée.

Si le centre est sur la surface, on a, d'après l'équation (6), $\Delta = 0$, et réciproquement; la surface alors est un cône.

Lorsque $\dfrac{d\Delta}{da_{44}}$ est nul, il faut distinguer les deux cas suivants :

1°. Δ est différent de zéro; les relations d'identité du chapitre Ier nous montrent qu'une au moins des quantités $\dfrac{d\Delta}{da_{41}}$, $\dfrac{d\Delta}{da_{42}}$, $\dfrac{d\Delta}{da_{43}}$ est différente de zéro : le centre est à l'infini.

2°. Δ est nul; alors les quantités $\dfrac{d\Delta}{da_{41}}$, $\dfrac{d\Delta}{da_{42}}$, $\dfrac{d\Delta}{da_{43}}$ sont aussi nulles, et il peut y avoir indétermination ou impossibilité.

Je n'insisterai pas davantage sur cette discussion.

2°. Plans conjugués.

85. Si l'on représente par A_1, A_2, A_3, A_4 les demi-dérivées par rapport à x_1, x_2, x_3, x_4 du premier membre de l'équation (1) dans lesquelles on a remplacé $\dfrac{x_1}{x_4}$, $\dfrac{x_2}{x_4}$, $\dfrac{x_3}{x_4}$ par $\dfrac{\alpha_1}{\alpha_4}$, $\dfrac{\alpha_2}{\alpha_4}$, $\dfrac{\alpha_3}{\alpha_4}$, le plan ayant pour équation

$$(7) \qquad x_1 A_1 + x_2 A_2 + x_3 A_3 + x_4 A_4 = 0$$

est dit le plan polaire du point $\left(\dfrac{\alpha_1}{\alpha_4}, \dfrac{\alpha_2}{\alpha_4}, \dfrac{\alpha_3}{\alpha_4}\right)$ par rapport à la surface $\varphi = 0$; le point $\left(\dfrac{\alpha_1}{\alpha_4}, \dfrac{\alpha_2}{\alpha_4}, \dfrac{\alpha_3}{\alpha_4}\right)$ est appelé le pôle de ce plan.

Trois plans sont dits conjugués lorsque le pôle d'un quelconque de ces trois plans se trouve sur l'intersection des deux autres.

Soient les équations de trois plans

$$(8) \qquad \begin{cases} m_1 x_1 + m_2 x_2 + m_3 x_3 + m_4 x_4 = 0, \\ n_1 x_1 + n_2 x_2 + n_3 x_3 + n_4 x_4 = 0, \\ p_1 x_1 + p_2 x_2 + p_3 x_3 + p_4 x_4 = 0. \end{cases}$$

Si $\dfrac{\alpha_1}{\alpha_4}$, $\dfrac{\alpha_2}{\alpha_4}$, $\dfrac{\alpha_3}{\alpha_4}$ sont les coordonnées du pôle du premier de ces plans, on devra avoir

$$a_{11}\,\alpha_1 + a_{12}\,\alpha_2 + a_{13}\,\alpha_3 + a_{14}\,\alpha_4 = m_1,$$

$$a_{21}\,\alpha_1 + a_{22}\,\alpha_2 + a_{23}\,\alpha_3 + a_{24}\,\alpha_4 = m_2,$$

$$a_{31}\,\alpha_1 + a_{32}\,\alpha_2 + a_{33}\,\alpha_3 + a_{34}\,\alpha_4 = m_3,$$

$$a_{41}\,\alpha_1 + a_{42}\,\alpha_2 + a_{43}\,\alpha_3 + a_{44}\,\alpha_4 = m_4;$$

et les valeurs de α_1, α_2, α_3, α_4, déduites de ces quatre équations devront vérifier les deux dernières équations (8). On obtiendra ainsi deux équations de condition. On opérera de la même manière pour le second et le troisième plan. On trouvera, en définitive, trois équations de condition seulement.

Les *trois* conditions pour que les trois plans (8) soient *conjugués* sont données par les relations suivantes :

$$(9)\quad\left\{\begin{array}{l}
\begin{vmatrix}
a_{11} & a_{12} & a_{13} & a_{14} & m_1 \\
a_{21} & a_{22} & a_{23} & a_{24} & m_2 \\
a_{31} & a_{32} & a_{33} & a_{34} & m_3 \\
a_{41} & a_{42} & a_{43} & a_{44} & m_4 \\
n_1 & n_2 & n_3 & n_4 & 0
\end{vmatrix} = 0, \\[3em]
\begin{vmatrix}
a_{11} & a_{12} & a_{13} & a_{14} & n_1 \\
a_{21} & a_{22} & a_{23} & a_{24} & n_2 \\
a_{31} & a_{32} & a_{33} & a_{34} & n_3 \\
a_{41} & a_{42} & a_{43} & a_{44} & n_4 \\
p_1 & p_2 & p_3 & p_4 & 0
\end{vmatrix} = 0, \\[3em]
\begin{vmatrix}
a_{11} & a_{12} & a_{13} & a_{14} & p_1 \\
a_{21} & a_{22} & a_{23} & a_{24} & p_2 \\
a_{31} & a_{32} & a_{33} & a_{34} & p_3 \\
a_{41} & a_{42} & a_{43} & a_{44} & p_4 \\
m_1 & m_2 & m_3 & m_4 & 0
\end{vmatrix} = 0.
\end{array}\right.$$

3°. Génératrices rectilignes.

86. Les équations des génératrices rectilignes de la surface

$$\sum a_{rs} x_r x_s = 0, \quad |a_{rs} = a_{sr}|$$

peuvent s'écrire sous trois formes différentes, toutes trois remarquables par leur symétrie et leur simplicité.

87. *Première forme.* Équations des génératrices rectilignes :

$$(1) \quad \left\{ \begin{aligned} &\frac{\lambda_3 x_1 - \lambda_1 x_3}{\lambda_3 \dfrac{d\Delta}{da_{14}} - \lambda_1 \dfrac{d\Delta}{da_{34}} - \varphi_2 \sqrt{\Delta}} = \frac{x_4}{\dfrac{d\Delta}{da_{44}}}, \\ &\frac{\lambda_1 x_2 - \lambda_2 x_1}{\lambda_1 \dfrac{d\Delta}{da_{24}} - \lambda_2 \dfrac{d\Delta}{da_{14}} - \varphi_3 \sqrt{\Delta}} = \frac{x_4}{\dfrac{d\Delta}{da_{44}}}, \\ &\frac{\lambda_2 x_3 - \lambda_3 x_2}{\lambda_2 \dfrac{d\Delta}{da_{34}} - \lambda_3 \dfrac{d\Delta}{da_{24}} - \varphi_1 \sqrt{\Delta}} = \frac{x_4}{\dfrac{d\Delta}{da_{44}}}; \end{aligned} \right.$$

les constantes arbitraires $\frac{\lambda_1}{\lambda_3}$, $\frac{\lambda_2}{\lambda_3}$, sont assujetties à vérifier la seule relation

$$(1) \quad a_{11}\lambda_1^2 + a_{22}\lambda_2^2 + a_{33}\lambda_3^2 + 2a_{12}\lambda_1\lambda_2 + 2a_{13}\lambda_1\lambda_3 + 2a_{23}\lambda_2\lambda_3 = 0;$$

et nous avons posé, en outre

$$(1') \quad \left\{ \begin{aligned} \varphi_1 &= a_{11}\lambda_1 + a_{12}\lambda_2 + a_{13}\lambda_3, \\ \varphi_2 &= a_{21}\lambda_1 + a_{22}\lambda_2 + a_{23}\lambda_3, \\ \varphi_3 &= a_{31}\lambda_1 + a_{32}\lambda_2 + a_{33}\lambda_3. \end{aligned} \right.$$

On voit que φ_1, φ_2, φ_3, sont les demi-dérivées du premier membre de l'équation (1).

88. *Seconde forme.* Équations des génératrices rec-

tilignes :

$$(\text{II}) \quad \begin{cases} \dfrac{\mu_4 x_1 - \mu_1 x_4}{\mu_4 \dfrac{d\Delta}{da_{12}} - \mu_1 \dfrac{d\Delta}{da_{13}} - \psi_2 \sqrt{\Delta}} = \dfrac{x_3}{\dfrac{d\Delta}{da_{33}}}, \\[4em] \dfrac{\mu_1 x_2 - \mu_2 x_1}{\mu_1 \dfrac{d\Delta}{da_{23}} - \mu_2 \dfrac{d\Delta}{da_{13}} - \psi_4 \sqrt{\Delta}} = \dfrac{x_3}{\dfrac{d\Delta}{da_{33}}}, \\[4em] \dfrac{\mu_2 x_4 - \mu_4 x_2}{\mu_2 \dfrac{d\Delta}{da_{13}} - \mu_4 \dfrac{d\Delta}{da_{23}} - \psi_1 \sqrt{\Delta}} = \dfrac{x_3}{\dfrac{d\Delta}{da_{33}}}; \end{cases}$$

les constantes arbitraires $\dfrac{\mu_1}{\mu_4}$, $\dfrac{\mu_2}{\mu_4}$, sont assujetties à vérifier la seule relation

$$(2) \quad a_{11}\mu_1^2 + a_{22}\mu_2^2 + a_{44}\mu_4^2 + 2a_{12}\mu_1\mu_2 + 2a_{14}\mu_1\mu_4 + 2a_{24}\mu_2\mu_4 = 0;$$

et l'on a posé

$$(2') \quad \begin{cases} \psi_1 = a_{11}\mu_1 + a_{12}\mu_2 + a_{14}\mu_4, \\ \psi_2 = a_{21}\mu_1 + a_{22}\mu_2 + a_{24}\mu_4, \\ \psi_4 = a_{41}\mu_1 + a_{42}\mu_2 + a_{44}\mu_4. \end{cases}$$

Les quantités ψ_1, ψ_2, ψ_4, sont les demi-dérivées du premier membre de l'équation (2).

89. *Troisième forme*. Équations des génératrices rectilignes :

$$(\text{III}) \quad \begin{cases} \dfrac{\rho_4 x_1 - \rho_1 x_4}{\rho_4 \dfrac{d\Delta}{da_{12}} - \rho_1 \dfrac{d\Delta}{da_{42}} - \chi_3 \sqrt{\Delta}} = \dfrac{x_2}{\dfrac{d\Delta}{da_{22}}}, \\[4em] \dfrac{\rho_1 x_3 - \rho_3 x_1}{\rho_1 \dfrac{d\Delta}{da_{32}} - \rho_3 \dfrac{d\Delta}{da_{12}} - \chi_4 \sqrt{\Delta}} = \dfrac{x_2}{\dfrac{d\Delta}{da_{22}}}, \\[4em] \dfrac{\rho_3 x_4 - \rho_4 x_3}{\rho_3 \dfrac{d\Delta}{da_{42}} - \rho_4 \dfrac{d\Delta}{da_{32}} - \chi_1 \sqrt{\Delta}} = \dfrac{x_2}{\dfrac{d\Delta}{da_{22}}}; \end{cases}$$

les constantes arbitraires $\dfrac{\rho_1}{\rho_1}$, $\dfrac{\rho_3}{\rho_4}$, sont assujetties à vérifier la seule relation

$$(3) \quad a_{11}\rho_1^2 + a_{33}\rho_3^2 + a_{44}\rho_4^2 + 2a_{13}\rho_1\rho_3 + 2a_{14}\rho_1\rho_4 + 2a_{34}\rho_3\rho_4 = 0 ;$$

et l'on a posé

$$(3') \quad \left\{ \begin{aligned} \chi_1 &= a_{11}\rho_1 + a_{13}\rho_3 + a_{14}\rho_4, \\ \chi_3 &= a_{31}\rho_1 + a_{33}\rho_3 + a_{34}\rho_4, \\ \chi_4 &= a_{11}\rho_1 + a_{43}\rho_3 + a_{44}\rho_4 ; \end{aligned} \right.$$

χ_1, χ_3, χ_4, représentent les demi-dérivées du premier membre de l'équation (3).

90. La première forme ne peut convenir qu'aux surfaces à centre unique, puisqu'il faut supposer $\dfrac{d\Delta}{da_{44}}$ différent de zéro. Il est d'ailleurs facile de voir que les génératrices ne seront réelles que dans le cas de l'hyperboloïde à une nappe. Lorsque $\dfrac{d\Delta}{da_{33}}$ sera différent de zéro, la seconde forme conviendra également, soit aux surfaces à centre, soit aux surfaces dénuées de centre. Il faudrait avoir recours à la troisième forme, si $\dfrac{d\Delta}{da_{33}}$ était nul.

Ainsi, dans tous les cas, les équations (I), (II) ou (III) nous donneront les génératrices rectilignes de la surface

$$\varphi = \sum a_{rs}\, x_r\, x_s = 0.$$

La vérification de ce fait analytique est facile, si l'on a soin de faire intervenir les relations établies au § I du premier chapitre.

91. Les formules qu'on vient de lire peuvent donner lieu à une interprétation géométrique.

Si nous considérons, par exemple, les relations correspondant à la première forme (n° 87), nous dirons :

« Lorsque le point $\left(\dfrac{\lambda_1}{\lambda_3}, \dfrac{\lambda_2}{\lambda_3}\right)$ décrit la conique (1),
» l'intersection *commune* des trois plans, définis par les
» équations (1), décrit une surface du second degré ayant
» pour équation

$$\sum a_{rs}\, x_r\, x_s = 0. \text{ »}$$

§ II. — *Polaires réciproques.*

92. Les théorèmes établis dans le chapitre second nous conduisent d'une manière très-simple aux équations des surfaces polaires pour les surfaces du second degré.

Soit

$$(1) \qquad \varphi = \sum a_{rs}\, x_r\, x_s = 0, \quad (a_{rs} = a_{sr}),$$

l'équation d'une surface du second degré ; cette équation peut s'écrire

$$(2) \qquad \varphi = \frac{1}{\Delta^2}
\begin{vmatrix}
\alpha_{11} & \alpha_{12} & \alpha_{13} & \alpha_{14} & x_1 \\
\alpha_{21} & \alpha_{22} & \alpha_{23} & \alpha_{24} & x_2 \\
\alpha_{31} & \alpha_{32} & \alpha_{33} & \alpha_{34} & x_3 \\
\alpha_{41} & \alpha_{42} & \alpha_{43} & \alpha_{44} & x_4 \\
x_1 & x_2 & x_3 & x_4 & 0
\end{vmatrix} = 0,$$

$$(\alpha_{sr} = \alpha_{rs}),$$

après avoir posé

$$(3) \qquad \alpha_{rs} = \frac{d\Delta}{da_{rs}} ;$$

Δ désignant, comme toujours, le discriminant ou le hessien de la fonction φ.

93. On appelle SURFACE POLAIRE *d'une surface le lieu des pôles des plans tangents à cette surface ; les pôles* de ces plans étant pris par rapport à une seconde surface quelconque, dite SURFACE DIRECTRICE.

Appliquons cette définition à la surface $\varphi = 0$.
Soit

$$(4) \qquad \mathrm{F}\,(x_1,\ x_2,\ x_3,\ x_4) = 0$$

l'équation de la surface directrice.

Le plan polaire d'un point $\left(\dfrac{z_1}{z_4},\ \dfrac{z_2}{z_4},\ \dfrac{z_3}{z_4}\right)$ aura pour équation

$$\mathrm{X}_1 \frac{d\mathrm{F}}{dz_1} + \mathrm{X}_2 \frac{d\mathrm{F}}{dz_2} + \mathrm{X}_3 \frac{d\mathrm{F}}{dz_3} + \mathrm{X}_4 \frac{d\mathrm{F}}{dz_4} = 0,$$

$\dfrac{\mathrm{X}_1}{\mathrm{X}_4}$, $\dfrac{\mathrm{X}_2}{\mathrm{X}_4}$, $\dfrac{\mathrm{X}_3}{\mathrm{X}_4}$, étant les coordonnées variables.

Or ce plan, d'après la définition du lieu cherché, doit être tangent à la surface $\varphi = 0$, ce qui conduit à la relation

$$(5) \qquad \psi = \begin{vmatrix} a_{11} & a_{12} & a_{13} & a_{14} & \dfrac{d\mathrm{F}}{dz_1} \\[1.5em] a_{21} & a_{22} & a_{23} & a_{24} & \dfrac{d\mathrm{F}}{dz_2} \\[1.5em] a_{31} & a_{32} & a_{33} & a_{34} & \dfrac{d\mathrm{F}}{dz_3} \\[1.5em] a_{41} & a_{42} & a_{43} & a_{44} & \dfrac{d\mathrm{F}}{dz_4} \\[1.5em] \dfrac{d\mathrm{F}}{dz_1} & \dfrac{d\mathrm{F}}{dz_2} & \dfrac{d\mathrm{F}}{dz_3} & \dfrac{d\mathrm{F}}{dz_4} & 0 \end{vmatrix} = 0$$

(chapitre II, § III, n° 35) ; c'est précisément l'équation du lieu que nous nous proposions de trouver.

94. Le plan

$$\mathrm{X}_1 \frac{d\mathrm{F}}{dz_1} + \mathrm{X}_2 \frac{d\mathrm{F}}{dz_2} + \mathrm{X}_3 \frac{d\mathrm{F}}{dz_3} + \mathrm{X}_4 \frac{d\mathrm{F}}{dz_4} = 0$$

est tangent à la surface $\varphi = 0$, par suite de la relation (5). Si (x_1, x_2, x_3, x_4) sont les coordonnées du point de contact de ce plan, le point (x_1, x_2, x_3, x_4) est dit *point correspondant* du point (z_1, z_2, z_3, z_4).

D'un autre côté, le plan tangent à la surface $\varphi = 0$ a aussi pour équation

$$X_1 \frac{d\varphi}{dx_1} + X_2 \frac{d\varphi}{dx_2} + X_3 \frac{d\varphi}{dx_3} + X_4 \frac{d\varphi}{dx_4} = 0.$$

L'identification de ces deux dernières équations conduit aux relations suivantes entre les coordonnées de deux points correspondants :

$$(6) \quad \begin{cases} \dfrac{dF}{dz_1} = \dfrac{1}{2} \dfrac{d\varphi}{dx_1} = a_{11} x_1 + a_{12} x_2 + a_{13} x_3 + a_{14} x_4; \\[2ex] \dfrac{dF}{dz_2} = \dfrac{1}{2} \dfrac{d\varphi}{dx_2} = a_{21} x_1 + a_{22} x_2 + a_{23} x_3 + a_{24} x_4; \\[2ex] \dfrac{dF}{dz_3} = \dfrac{1}{2} \dfrac{d\varphi}{dx_3} = a_{31} x_1 + a_{32} x_2 + a_{33} x_3 + a_{34} x_4; \\[2ex] \dfrac{dF}{dz_4} = \dfrac{1}{2} \dfrac{d\varphi}{dx_4} = a_{41} x_1 + a_{42} x_2 + a_{43} x_3 + a_{44} x_4; \end{cases}$$

d'où l'on déduit

$$(7) \qquad \left(x_1 \frac{dF}{dz_1} + x_2 \frac{dF}{dz_2} + x_3 \frac{dF}{dz_3} + x_4 \frac{dF}{dz_4} \right) = \varphi.$$

Ces dernières relations permettent d'établir une loi de réciprocité très-remarquable entre les fonctions φ et ψ.

De la dernière colonne du déterminant ψ retranchons les quatre premières multipliées respectivement par x_1, x_2, x_3, x_4, et ayons égard aux relations (6) et (7), il vient

$$\psi = \begin{vmatrix} a_{11} & a_{12} & a_{13} & a_{14} & 0 \\ a_{21} & a_{22} & a_{23} & a_{24} & 0 \\ a_{31} & a_{32} & a_{33} & a_{34} & 0 \\ a_{41} & a_{42} & a_{43} & a_{44} & 0 \\ \dfrac{d\,\mathrm{F}}{dz_1} & \dfrac{d\,\mathrm{F}}{dz_2} & \dfrac{d\,\mathrm{F}}{dz_3} & \dfrac{d\,\mathrm{F}}{dz_4} & -\varphi \end{vmatrix} ;$$

on en conclut l'identité

$$(8) \qquad\qquad \psi = -\Delta\varphi.$$

95. Lorsqu'on prend pour *surface directrice* la surface représentée par l'équation

$$(9) \qquad\qquad \mathrm{F} = x_1^2 + x_2^2 + x_3^2 + x_4^2 = 0,$$

la polaire de

$$(10) \qquad \varphi = \frac{1}{\Delta^2} \begin{vmatrix} \alpha_{11} & \alpha_{12} & \alpha_{13} & \alpha_{14} & x_1 \\ \alpha_{21} & \alpha_{22} & \alpha_{23} & \alpha_{24} & x_2 \\ \alpha_{31} & \alpha_{32} & \alpha_{33} & \alpha_{34} & x_3 \\ \alpha_{41} & \alpha_{42} & \alpha_{43} & \alpha_{44} & x_4 \\ x_1 & x_2 & x_3 & x_4 & 0 \end{vmatrix} = 0, \qquad \text{où } \alpha_{rs} = \frac{d\Delta}{da_{rs}},$$

a pour équation

$$(11) \qquad \psi = \begin{vmatrix} a_{11} & a_{12} & a_{13} & a_{14} & z_1 \\ a_{21} & a_{22} & a_{23} & a_{24} & z_2 \\ a_{31} & a_{32} & a_{33} & a_{34} & z_3 \\ a_{41} & a_{42} & a_{43} & a_{44} & z_4 \\ z_1 & z_2 & z_3 & z_4 & 0 \end{vmatrix} = 0.$$

On voit, d'après la forme même des équations (10) et (11), que le lieu des pôles des plans tangents à la surface $\psi = 0$, est la première surface $\varphi = 0$.

Les deux surfaces $\varphi = 0$, $\psi = 0$, sont appelées polaires réciproques.

§ III. — *Équation aux axes. Sections circulaires.*

1°. *Équation aux axes.*

96. Nous avons vu (82) que si l'on rapporte à son centre la surface

$$(1) \qquad \varphi = \sum a_{rs} x_r x_s = 0,$$

son équation prend la forme suivante :

$$(2) \quad \begin{cases} a_{11} x_1^2 + a_2 x_2^2 + a_{33} x_3^2 + 2 a_{12} x_1 x_2 + 2 a_{13} x_1 x_3 \\ + 2 a_{23} x_2 x_3 + \dfrac{\Delta}{\dfrac{d\Delta}{da_{11}}} x_1^2 = 0. \end{cases}$$

Or toute transformation de coordonnées qui ne déplacera pas l'origine, n'affectera pas le terme en x_4^2 dans l'équation (2); nous pourrons, par suite, ne considérer que la fonction suivante :

$$(3) \quad \begin{cases} U_1 = a_{11} x_1^2 + a_{22} x_2^2 + a_{33} x_3^2 + 2 a_{12} x_1 x_2 \\ + 2 a_{13} x_1 x_3 + 2 a_{23} x_2 x_3, \end{cases}$$

homogène par rapport aux variables x_1, x_2, x_3.

97. Effectuons maintenant la transformation

$$(4) \quad \begin{cases} x_1 = k_{11} y_1 + k_{12} y_2 + k_{13} y_3, \\ x_2 = k_{21} y_1 + k_{22} y_2 + k_{23} y_3, \\ x_3 = k_{31} y_1 + k_{32} y_2 + k_{33} y_3, \end{cases}$$

et supposons que les nouveaux axes y_1, y_2, y_3, soient rectangulaires; ce qu'on exprimera en écrivant l'identité

$$(5) \quad \begin{cases} x_1^2 + x_2^2 + x_3^2 + 2c_{12}\,x_1\,x_2 + 2c_{13}\,x_1\,x_3 \\ + 2c_{23}x_2x_3 = y_1^2 + y_2^2 + y_3^2, \end{cases}$$

dont le second membre représente la distance d'un point à l'origine dans le nouveau système d'axes, et le premier membre la distance du même point à la même origine dans le système primitif.

Les c_{rs} sont définis par les relations suivantes :

$$(6) \quad \begin{cases} c_{12} = c_{21} = \cos\left(\widehat{x_1, x_2}\right), \\ c_{13} = c_{31} = \cos\left(\widehat{x_1, x_3}\right), \\ c_{23} = c_{32} = \cos\left(\widehat{x_2, x_3}\right). \end{cases}$$

La substitution (4) donnera à la fonction U_1 la forme

$$(7) \quad V_1 = A_1\,y_1^2 + A_2\,y_2^2 + A_3\,y_3^2,$$

si l'on pose

$$(8) \quad \begin{cases} A_r = k_{1r}\,h_{1r} + k_{2r}\,h_{2r} + k_{3r}\,h_{3r} \\ o = k_{1r}\,h_{1s} + k_{2r}\,h_{2s} + k_{3r}\,h_{3s}, \quad r \gtrless s, \end{cases}$$

$$(9) \quad h_{rs} = a_{1r}\,k_{1s} + a_{2r}\,k_{2s} + a_{3r}\,k_{3s}.$$

La même substitution opérée dans l'identité (5) conduira aux relations :

$$(10) \quad \begin{cases} 1 = k_{1r}\,h'_{1r} + k_{2r}\,h'_{2r} + k_{3r}\,h'_{3r}, \\ o = k_{1r}\,h'_{1s} + k_{2r}\,h'_{2s} + k_{3r}\,h'_{3s}, \quad r \gtrless s, \end{cases}$$

après avoir posé

$$(11) \quad h'_{rs} = c_{1r}\,k_{1s} + c_{2r}\,k_{2s} + c_{3r}\,k_{3s}.$$

Nous désignerons par ∂, V, P, les déterminants qui suivent :

$$(12)\ \begin{cases} \delta = \dfrac{d\,\Delta}{da_{41}} = \begin{vmatrix} a_{11} & a_{12} & a_{13} \\ a_{21} & a_{22} & a_{23} \\ a_{31} & a_{22} & a_{33} \end{vmatrix} \qquad \mathrm{V} = \begin{vmatrix} c_{11} & c_{12} & c_{13} \\ c_{21} & c_{22} & c_{23} \\ c_{31} & c_{32} & c_{33} \end{vmatrix} \\[1em] \qquad\text{où}\quad a_{rs} = a_{sr}, \qquad\qquad \text{où}\ \begin{cases} c_{rs} = c_{sr}, \\ c_{rr} = 1, \end{cases} \\[1em] \mathrm{P} = \begin{vmatrix} k_{11} & k_{12} & k_{13} \\ k_{21} & k_{22} & k_{23} \\ k_{31} & k_{32} & k_{33} \end{vmatrix} \quad k_{rs} \gtrless k_{sr}. \end{cases}$$

On sait que le déterminant V représente le carré du volume du parallélipipède construit sur les trois axes x_1, x_2, x_3, avec des longueurs égales à l'unité.

98. Si parmi les équations (8) on considère les trois suivantes :

$$A_1 = k_{11} h_{11} + k_{21} h_{21} + k_{31} h_{31},$$
$$0 = k_{12} h_{11} + k_{22} h_{21} + k_{32} h_{31},$$
$$0 = k_{13} h_{11} + k_{23} h_{21} + k_{32} h_{31},$$

qu'on les multiplie respectivement par $\dfrac{d\mathrm{P}}{dk_{11}}, \dfrac{d\mathrm{P}}{dk_{12}}, \dfrac{d\mathrm{P}}{dk_{13}},$ et qu'on ajoute, on arrivera à des relations ayant pour type général

$$(13) \qquad A_r \frac{d\mathrm{P}}{dk_{sr}} = \mathrm{P}\, h_{sr}.$$

Par un calcul semblable, on déduira des équations (10)

$$(14) \qquad \frac{d\mathrm{P}}{dk_{sr}} = \mathrm{P}\, h'_{sr}.$$

Éliminant $\dfrac{d\mathrm{P}}{dk_{sr}}$ entre les équations (13) et (14), puis remplaçant les h_{sr}, h'_{sr} par leurs valeurs (9) et (11), il vient

$$(a_{1r} - A_1 c_{1r})k_{1s} + (a_{2r} - A_1 c_{2r})k_{2s} + (a_{3r} - A_1 c_{3r})k_{3s} = 0.$$

P. 9

En posant

$$\lambda = -\Lambda_s,$$

et en donnant à r les valeurs $1, 2, 3$, on obtient alors

$$\begin{cases}(a_{11}+\lambda c_{11})k_{1s}+(a_{21}+\lambda c_{21})k_{2s}+(a_{31}+\lambda c_{31})k_{3s}=0,\\(a_{12}+\lambda c_{12})k_{1s}+(a_{22}+\lambda c_{22})k_{2s}+(a_{32}+\lambda c_{12})k_{3s}=0,\\(a_{13}+\lambda c_{13})k_{1s}+(a_{23}+\lambda c_{23})k_{2s}+(a_{33}+\lambda c_{33})k_{3s}=0.\end{cases}$$

L'élimination de k_{1s}, k_{2s}, k_{3s} entre ces trois dernières relations, conduit à l'équation définitive

$$(15)\qquad \begin{vmatrix} a_{11}+\lambda c_{11} & a_{12}+\lambda c_{12} & a_{13}+\lambda c_{13}\\ a_{21}+\lambda c_{21} & a_{22}+\lambda c_{22} & a_{23}+\lambda c_{23}\\ a_{31}+\lambda c_{31} & a_{32}+\lambda c_{32} & a_{33}+\lambda c_{33} \end{vmatrix}=0,$$

dont les trois racines seront

$$\lambda=-\Lambda_1,\quad \lambda=-\Lambda_2,\quad \lambda=-\Lambda_3.$$

Or, par suite de la transformation que nous avons effectuée, l'équation (2) de la surface est devenue

$$\Lambda_1 y_1^2 + \Lambda_2 y_2^2 + \Lambda_3 y_3^2 + \frac{\Delta}{\dfrac{d\Delta}{da_{44}}} y_4^2 = 0,$$

et les carrés de ses demi-axes ont pour valeurs

$$\frac{-\Delta}{\Lambda_1 \dfrac{d\Delta}{da_{44}}},\quad \frac{-\Delta}{\Lambda_2 \dfrac{d\Delta}{da_{44}}},\quad \frac{-\Delta}{\Lambda_3 \dfrac{d\Delta}{da_{44}}}.$$

Par conséquent, si l'on désigne par R^2 le carré d'un quelconque des demi-axes de la surface, on aura

$$(16)\qquad R^2 = \frac{\Delta}{\dfrac{d\Delta}{da_{44}}}\cdot\frac{1}{\lambda}.$$

L'équation (15) donnera donc les axes de la surface, pourvu qu'on ait égard à la relation (16).

On conclut immédiatement des équations (15) et (16)

$$a^2 b^2 c^2 = - \frac{V \Delta^3}{\left(\frac{d\Delta}{da_{44}} \right)^2},$$

a, b, c représentant les demi-axes de la surface.

$$2^\circ. \ \textit{Sections circulaires}.$$

99. Prenons l'équation générale

$$(1) \qquad \sum a_{rs} x_r x_s = 0.$$

Considérons en outre l'équation d'une sphère

$$(2) \ \left\{ \begin{array}{l} c_{11} x_1^2 + c_{22} x_2^2 + c_{33} x_3^2 + c_{44} x_4^2 + 2 c_{12} x_1 x_2 + 2 c_{13} x_1 x_3 \\ + 2 c_{14} x_1 x_4 + 2 c_{23} x_2 x_3 + 2 c_{24} x_2 x_4 + 2 c_{34} x_3 x_4 = 0, \end{array} \right.$$

où l'on a posé

$$(3) \ \left\{ \begin{array}{l} c_{11} = c_{22} = c_{33} = 1, \\ c_{rs} = c_{sr} = \cos.\left(x_r, x_s \right), \quad \text{pour} \ \ r \ \ \text{ou} \ \ s = 1, 2, 3, \\ c_{r4} = c_{4r} = m_1 c_{r1} + m_2 c_{r2} + m_3 c_{r3}, \quad \text{pour} \ \ r = 1, 2, 3, \\ c_{44} = m_1^2 + m_2^2 + m_3^2 + 2 c_{12} m_1 m_2 + 2 c_{13} m_1 m_3 \\ \qquad + 2 c_{23} m_2 m_3 - r^2 ; \end{array} \right.$$

$-m_1$, $-m_2$, $-m_3$ sont les coordonnées du centre de la sphère, et r est le rayon.

Soit enfin l'équation d'un plan

$$(4) \qquad p_1 x_1 + p_2 x_2 + p_3 x_3 + p_4 x_4 = 0.$$

Si l'intersection de ce plan avec chacune des deux surfaces (1) et (2) donne deux courbes identiques, il est évident que ce plan coupera la surface du second degré suivant une circonférence.

Nous exprimerons que les deux sections coïncident, en écrivant que leurs projections sur un même plan coordonné sont les mêmes. Choisissons le plan des $x_2\,x_3$.

Or les relations (4), (5), (6) du chap. II, § III, n°s 45 et 46 nous permettent d'écrire immédiatement les conditions nécessaires pour que cette coïncidence ait lieu; ces conditions seront en même temps suffisantes si le plan (4) n'est pas parallèle à l'axe des x_1.

100. Après avoir posé

$$(5) \qquad A_{rs} = a_{rs} + \lambda\, c_{rs},$$

nous trouverons en opérant l'identification indiquée :

$$\left\{ \begin{aligned} & A_{11}\, p_2^2 - 2\, A_{12}\, p_1\, p_2 + A_{22}\, p_1^2 = 0, \\ & A_{11}\, p_2\, p_3 + A_{23}\, p_1^2 - A_{12}\, p_1\, p_3 - A_{13}\, p_1\, p_2 = 0; \\ & A_{11}\, p_3^2 - 2\, A_{13}\, p_1\, p_3 + A_{33}\, p_1^2 = 0, \end{aligned} \right.$$

$$(6)$$

$$\left\{ \begin{aligned} & A_{11}\, p_4^2 - 2\, A_{14}\, p_1\, p_4 + A_{44}\, p_1^2 = 0; \\ & A_{11}\, p_2\, p_4 + A_{24}\, p_1^2 - A_{12}\, p_1\, p_4 - A_{14}\, p_1\, p_2 = 0, \\ & A_{11}\, p_3\, p_4 + A_{34}\, p_1^2 - A_{13}\, p_1\, p_4 - A_{14}\, p_1\, p_3 = 0. \end{aligned} \right.$$

Ces équations renferment comme indéterminées les quantités $\dfrac{p_2}{p_1}$, $\dfrac{p_3}{p_1}$, $\dfrac{p_4}{p_1}$, λ; les coordonnées $- m_1$, $- m_2$, $- m_3$, du centre de la sphère et son rayon r.

Les trois premières déterminent $\dfrac{p_2}{p_1}$, $\dfrac{p_3}{p_1}$, et λ; les trois dernières seront toujours satisfaites en disposant convenablement des inconnues restantes.

101. Pour effectuer le premier calcul, posons

$$(7) \qquad D = \begin{vmatrix} A_{11} & A_{12} & A_{13} \\ A_{21} & A_{22} & A_{23} \\ A_{31} & A_{32} & A_{33} \end{vmatrix},$$

D ne renferme que des quantités connues et le paramètre indéterminé λ.

Des deux premières équations du groupe (6), on tire :

$$(8) \qquad \begin{cases} A_{11} \dfrac{p_2}{p_1} = A_{12} \pm \sqrt{-\dfrac{dD}{dA_{33}}}, \\[2ex] A_{11} \dfrac{p_3}{p_1} = A_{13} \pm \sqrt{-\dfrac{dD}{dA_{22}}}; \end{cases}$$

substituant les valeurs de $\dfrac{p_2}{p_1}$, $\dfrac{p_3}{p_1}$, dans la troisième équation, on trouve pour l'équation que doit vérifier λ :

$$(9) \qquad \frac{dD}{dA_{23}} = \left(\pm \sqrt{-\frac{dD}{dA_{22}}} \right) \left(\pm \sqrt{-\frac{dD}{dA_{33}}} \right).$$

Cette relation nous montre d'abord que les radicaux $\sqrt{-\dfrac{dD}{dA_{22}}}$, $\sqrt{-\dfrac{dD}{dA_{33}}}$ doivent être pris avec des signes tels, que leur produit ait le même signe que $\dfrac{dD}{dA_{23}}$.

En rendant rationnelle la relation (9), il vient

$$\left(\frac{dD}{dA_{23}} \right)^2 - \frac{dD}{dA_{22}} \cdot \frac{dD}{dA_{33}} = -A_{11} D = 0.$$

L'équation que doit vérifier λ sera donc

$$(10) \qquad D = \begin{vmatrix} a_{11} + \lambda c_{11} & a_{12} + \lambda c_{12} & a_{13} + \lambda c_{13} \\ a_{21} + \lambda c_{21} & a_{22} + \lambda c_{22} & a_{23} + \lambda c_{23} \\ a_{31} + \lambda c_{31} & a_{32} + \lambda c_{32} & a_{33} + \lambda c_{33} \end{vmatrix} = 0.$$

C'est précisément l'équation qui donne les axes dans
e cas des surfaces à centre.

102. Supposant λ déterminé, et faisant usage des valeurs (8), nous trouverons que les plans des sections circulaires sont parallèles aux plans

$$(11)\ A_{11}x_1 + \left(A_{12} \pm \sqrt{-\frac{dD}{dA_{33}}}\right)x + \left(A_{13} \pm \sqrt{-\frac{dD}{dA_{22}}}\right)x_3 = 0.$$

En comparant de la même manière les projections des
courbes d'intersection sur les plans des $x_1\, x_3$, et des $x_1\, x_2.$,
on eût trouvé

$$12)\ A_{22}x_2 + \left(A_{21} \pm \sqrt{-\frac{dD}{dA_{33}}}\right)x_1 + \left(A_{23} \pm \sqrt{-\frac{dD}{dA_{11}}}\right)x_3 = 0$$

$$\left(\text{le produit des deux radicaux devant être de même signe}\right.$$

$$\left.\text{que } \frac{dD}{dA_{13}}\right).$$

$$(13)\ A_{33}x_3 + \left(A_{31} \pm \sqrt{-\frac{dD}{dA_{22}}}\right)x_1 + \left(A_{32} \pm \sqrt{-\frac{dD}{dA_{11}}}\right)x_2 = 0$$

$$\left(\text{le produit des deux radicaux devant être de même signe}\right.$$

$$\left.\text{que } \frac{dD}{dA_{12}}\right).$$

103. Lorsque les surfaces ont un centre, on peut prendre la sphère concentrique à la surface. Si cette dernière
est rapportée à son centre, on aura $m_1 = m_2 = m_3 = 0$; et
d'après les formules (3), les c_{i4} seront nuls, et c_{44} sera
égal à $-r^2$.

Si l'on fait alors passer le plan par l'origine, les deux
dernières relations (6) seront satisfaites, et la quatrième

nous donnera

(14)
$$r^2 = \frac{\Delta}{\frac{d\Delta}{da_{44}}} \cdot \frac{1}{\lambda}.$$

Ainsi le rayon de la sphère est égal à l'un des demi-axes de la surface.

CHAPITRE V.

APPLICATIONS.

§ 1. — *Polaires réciproques de deux surfaces du second degré qui se coupent suivant deux courbes planes.*

104. La première surface ayant pour équation

$$(1) \qquad S = \underset{\textstyle\sum}{} a_{rs}\, x_r\, x_s = 0, \qquad (a_{rs} = a_{sr})$$

l'équation de la seconde pourra s'écrire sous la forme

$$(2) \qquad S' = S + 2\,MN = 0;$$

M et N représentant deux plans connus,

$$(3) \qquad \begin{cases} M = m_1\, x_1 + m_2\, x_2 + m_3\, x_3 + m_4\, x_4 = 0, \\ N = n_1\, x_1 + n_2\, x_2 + n_3\, x_3 + n_4\, x_4 = 0. \end{cases}$$

L'équation générale des surfaces du second degré passant par les courbes d'intersection des deux surfaces S′ et S sera

$$(4) \qquad S'' = S + 2\,\lambda\,MN = 0,$$

λ désignant une constante indéterminée.

105. Ceci posé, cherchons les polaires réciproques des surfaces S et S′, et du système des surfaces S″; nous désignerons ces réciproques respectivement par Σ, Σ', Σ''.

Si l'on représente par Δ le discriminant de la surface S, et par α_{rs} les dérivées partielles de Δ, de sorte que

$$(5) \qquad \Delta = \begin{vmatrix} a_{11} & a_{12} & a_{13} & a_{14} \\ a_{21} & a_{23} & a_{22} & a_{24} \\ a_{31} & a_{32} & a_{33} & a_{34} \\ a_{41} & a_{42} & a_{43} & a_{44} \end{vmatrix}, \qquad a_{rs} = \alpha_{sr} = \frac{d\,\Delta}{da_{rs}}$$

nous aurons pour la réciproque de S (n° 95) :

$$(6) \quad \Sigma = \begin{vmatrix} a_{11} & a_{12} & a_{13} & a_{14} & x_1 \\ a_{21} & a_{22} & a_{23} & a_{24} & x_2 \\ a_{31} & a_{32} & a_{33} & a_{34} & x_3 \\ a_{41} & a_{42} & a_{43} & a_{44} & x_4 \\ x_1 & x_2 & x_3 & x_4 & 0 \end{vmatrix} = - S\, x_{11}\, x_r\, x_{s}.$$

Pour obtenir la réciproque de S', nous chercherons d'abord la réciproque de S'', et dans le résultat nous ferons $\lambda = 1$. Or la réciproque de S'' est (95) :

$$(7) \quad \Sigma'' = \begin{vmatrix} a_{11}+\lambda(m_1 n_1 + m_1 n_1) & a_{12}+\lambda(m_1 n_2 + m_2 n_1) & a_{13}+\lambda(m_1 n_3 + m_3 n_1) & a_{14}+\lambda(m_1 n_4 + m_4 n_1) & x_2 \\ a_{21}+\lambda(m_2 n_1 + m_1 n_2) & a_{22}+\lambda(m_2 n_2 + m_2 n_2) & a_{23}+\lambda(m_2 n_3 + m_3 n_2) & a_{24}+\lambda(m_2 n_4 + m_4 n_2) & x \\ a_{31}+\lambda(m_3 n_1 + m_1 n_3) & a_{32}+\lambda(m_3 n_2 + m_2 n_3) & a_{33}+\lambda(m_3 n_3 + m_3 n_3) & a_{34}+\lambda(m_3 n_4 + m_4 n_3) & x \\ a_{41}+\lambda(m_4 n_1 + m_1 n_4) & a_{42}+\lambda(m_4 n_2 + m_2 n_4) & a_{43}+\lambda(m_4 n_3 + m_3 n_4) & a_{44}+\lambda(m_4 n_4 + m_4 n_4) & x_4 \\ x_1+0 & x_2+0 & x_3+0 & x_4+0 & 0 \end{vmatrix}$$

106. Introduisons d'abord les notations suivantes :

$$(8) \quad \begin{aligned}
\alpha &= \begin{vmatrix} a_{11} & a_{12} & a_{13} & a_{14} & m_1 \\ a_{21} & a_{22} & a_{23} & a_{24} & m_2 \\ a_{31} & a_{32} & a_{33} & a_{34} & m_3 \\ a_{41} & a_{42} & a_{43} & a_{44} & m_4 \\ m_1 & m_2 & m_3 & m_4 & 0 \end{vmatrix} \\[1em]
\beta &= \begin{vmatrix} a_{11} & a_{12} & a_{13} & a_{14} & n_1 \\ a_{21} & a_{22} & a_{23} & a_{24} & n_2 \\ a_{31} & a_{32} & a_{33} & a_{34} & n_3 \\ a_{41} & a_{42} & a_{43} & a_{44} & n_4 \\ n_1 & n_2 & n_3 & n_4 & 0 \end{vmatrix} \\[1em]
\gamma &= \begin{vmatrix} a_{11} & a_{12} & a_{13} & a_{14} & m_1 \\ a_{21} & a_{22} & a_{23} & a_{24} & m_2 \\ a_{31} & a_{32} & a_{33} & a_{34} & m_3 \\ a_{41} & a_{42} & a_{43} & a_{44} & m_4 \\ n_1 & n_2 & n_3 & n_4 & 0 \end{vmatrix} \\[1em]
D &= \begin{vmatrix} a_{11} & a_{12} & a_{13} & a_{14} & m_1 & n_1 \\ a_{21} & a_{22} & a_{23} & a_{24} & m_2 & n_2 \\ a_{31} & a_{32} & a_{33} & a_{34} & m_3 & n_3 \\ a_{41} & a_{42} & a_{43} & a_{44} & m_4 & n_4 \\ m_1 & m_2 & m_3 & m_4 & 0 & 0 \\ n_1 & n_2 & n_3 & n_4 & 0 & 0 \end{vmatrix}
\end{aligned}$$

N. B. $\alpha = 0$, $\beta = 0$, sont les conditions pour que les plans M ou N soient tangents à la surface S $= 0$; D $= 0$ est la condition pour que la droite intersection de ces deux plans soit aussi tangente à la surface S.

$$(9)\quad\begin{cases} P = \begin{vmatrix} a_{11} & a_{12} & a_{13} & a_{14} & x_1 \\ a_{21} & a_{22} & a_{23} & a_{24} & x_2 \\ a_{31} & a_{32} & a_{33} & a_{34} & x_3 \\ a_{41} & a_{42} & a_{43} & a_{44} & x_4 \\ m_1 & m_2 & m_3 & m_4 & 0 \end{vmatrix} = x_1\frac{dq}{dn_1} + x_2\frac{dq}{dn_2} + x_3\frac{dq}{dn_3} + x_4\frac{dq}{dn_4}. \\[3em] Q = \begin{vmatrix} a_{11} & a_{12} & a_{13} & a_{14} & x_1 \\ a_{21} & a_{22} & a_{23} & a_{24} & x_2 \\ a_{31} & a_{32} & a_{33} & a_{34} & x_3 \\ a_{41} & a_{42} & a_{43} & a_{44} & x_4 \\ n_1 & n_2 & n_3 & n_4 & 0 \end{vmatrix} = x_1\frac{dq}{dm_1} + x_2\frac{dq}{dm_2} + x_3\frac{dq}{dm_3} + x_4\frac{dq}{dm_4}, \end{cases}$$

P et Q représentent des plans.

$$(10)\begin{cases}
A = \begin{vmatrix}
a_{11} & a_{12} & a_{13} & a_{14} & m_1 & x_1 \\
a_{21} & a_{22} & a_{23} & a_{24} & m_2 & x_2 \\
a_{31} & a_{32} & a_{33} & a_{34} & m_3 & x_3 \\
a_{41} & a_{42} & a_{43} & a_{44} & m_4 & x_4 \\
m_1 & m_2 & m_3 & m_4 & 0 & 0 \\
x_1 & x_2 & x_3 & x_4 & 0 & 0
\end{vmatrix} \\[6ex]
G = \begin{vmatrix}
a_{11} & a_{12} & a_{13} & a_{14} & m_1 & x_1 \\
a_{21} & a_{22} & a_{23} & a_{24} & m_2 & x_2 \\
a_{31} & a_{32} & a_{33} & a_{34} & m_3 & x_3 \\
a_{41} & a_{42} & a_{43} & a_{44} & m_4 & x_4 \\
n_1 & n_2 & n_3 & n_4 & 0 & 0 \\
x_1 & x_2 & x_3 & x_4 & 0 & 0
\end{vmatrix} \\[6ex]
E = \begin{vmatrix}
a_{11} & a_{12} & a_{13} & a_{14} & m_1 & n_1 \\
a_{21} & a_{22} & a_{23} & a_{24} & m_2 & n_2 \\
a_{31} & a_{32} & a_{33} & a_{34} & m_3 & n_3 \\
a_{41} & a_{42} & a_{43} & a_{44} & m_4 & n_4 \\
m_1 & m_2 & m_3 & m_4 & 0 & 0 \\
x_1 & x_2 & x_3 & x_4 & 0 & 0
\end{vmatrix} \\[6ex]
H = \begin{vmatrix}
a_{11} & a_{12} & a_{13} & a_{14} & m_1 & n_1 & x_1 \\
a_{21} & a_{22} & a_{23} & a_{24} & m_2 & n_2 & x_2 \\
a_{31} & a_{32} & a_{33} & a_{34} & m_3 & n_3 & x_3 \\
a_{41} & a_{42} & a_{43} & a_{44} & m_4 & n_4 & x_4 \\
m_1 & m_2 & m_3 & m_4 & 0 & 0 & 0 \\
n_1 & n_2 & n_3 & n_4 & 0 & 0 & 0 \\
x_1 & x_2 & x_3 & x_4 & 0 & 0 & 0
\end{vmatrix}
\end{cases}$$

En appliquant la formule générale bien connue

$$P \frac{d^2P}{da_{rs}\, da_{r_1 s_1}} = \frac{dP}{da_{rs}} \frac{dP}{da_{r_1 s_1}} - \frac{dP}{da_{rs_1}} \frac{dP}{da_{r_1 s}}$$

on trouve, entre ces déterminants, les relations suivantes qui nous seront d'une grande utilité :

$$(11) \quad \begin{cases} \Delta.\,D = \alpha\beta - \gamma^2 ; \\ \Delta.\,E = \alpha Q - \gamma P ; \\ \Delta.\,A = \alpha\Sigma - P^2 ; \\ \Delta\ G = \gamma\Sigma - PQ ; \\ \Delta.\,H = DA - E^2. \end{cases}$$

On conclut de ces dernières égalités

$$(12) \qquad \Delta^2.\,H = \Delta D.\,\Sigma - (\beta P^2 - 2\gamma PQ + \alpha Q^2).$$

Les relations (11) nous conduisent à plusieurs conséquences géométriques :

1°. Le plan E passe par l'intersection des plans P et Q.

2°. La surface A est circonscrite à la réciproque Σ suivant la courbe déterminée par le plan P.

3°. La surface B, obtenue en changeant dans A les m en n, est circonscrite à la réciproque Σ suivant la courbe déterminée par le plan Q.

4°. La surface G coupe la réciproque Σ suivant les deux courbes planes P et Q ;

3°. La surface H est circonscrite à la surface A suivant la courbe déterminée par le plan E.

Etc., etc.

107. Occupons-nous maintenant de la recherche de

la réciproque Σ''. Si l'on *développe par colonnes* le déterminant (7) on obtient immédiatement

$$(13) \qquad \Sigma'' = \Sigma - 2\,G\,\lambda - H\,\lambda^2.$$

108. En faisant $\lambda = 1$, et en ayant égard aux relations (11) et (12), on trouvera pour la réciproque Σ' de S'

$$(14) \qquad \Delta'.\Sigma' = \delta^2\,\Sigma + [\,\beta\,P^2 + 2\,(\Delta - \gamma)\,PQ + \alpha\,Q^2\,],$$

après avoir posé

$$(15) \qquad \delta^2 = (\Delta - \gamma)^2 - \alpha\beta.$$

Enfin, si nous décomposons la parenthèse en facteurs du premier degré, et que nous posions

$$(16) \qquad \begin{cases} \mathfrak{M} = -\dfrac{1}{\delta\,\sqrt{2\,\beta}}\,[\,\beta\,P + (\Delta - \gamma + \delta)\,Q\,], \\[2mm] \mathfrak{N} = \dfrac{1}{\delta\,\sqrt{2\,\beta}}\,[\,\beta\,P + (\Delta - \gamma - \delta)\,Q\,], \end{cases}$$

nous obtiendrons définitivement pour la réciproque de S'

$$(17) \qquad \frac{\Delta^2}{\delta^2}\,\Sigma' = \Sigma + 2\,\mathfrak{M}\,.\,\mathfrak{N} = 0.$$

Si l'on se rappelle que la réciproque de S est

$$(18) \qquad \Sigma = 0,$$

nous conclurons, à l'inspection de ces deux équations, le théorème suivant :

Lorsque deux surfaces du second degré se coupent suivant deux courbes planes, leurs polaires réciproques se coupent aussi suivant deux courbes planes.

Et comme cas particulier : *Lorsque deux surfaces du second degré sont circonscrites l'une à l'autre, il en est de même de leurs polaires réciproques.*

§ II.— *Équation des cónes circonscrits à deux surfaces du second degré.*

109. Imaginons les cónes circonscrits aux deux surfaces du second degré S et S', puis cherchons le *système réciproque.* Σ et Σ' seront, par exemple, les réciproques de S et S'. Mais, chaque plan tangent *commun* aux deux surfaces S et S' *correspondra* à un point *commun* aux deux réciproques Σ et Σ'; et, puisque les plans tangents à un même cóne passent par le même point, les points correspondants seront dans un même plan; donc les deux surfaces Σ et Σ' se couperont suivant deux courbes planes; par suite, les réciproques de Σ et Σ', c'est-à-dire S et S', se couperont aussi suivant deux courbes planes.

Ainsi, *deux surfaces du second degré ne peuvent avoir des cónes tangents communs qu'à la condition de se couper suivant des courbes planes.*

110. Ceci étant admis, considérons les deux surfaces

$$(1) \quad T = \begin{cases} \alpha_{11} x_1^2 + \alpha_{22} x_2^2 + \alpha_{33} x_3^2 + \alpha_{44} x_4^2 + 2\alpha_{12} x_1 x_2 \\ + 2\alpha_{13} x_1 x_3 + 2\alpha_{14} x_1 x_4 + 2\alpha_{24} x_2 x_4 \\ + 2\alpha_{23} x_2 x_3 + 2\alpha_{34} x_3 x_4 \end{cases} = 0,$$

$$(2) \quad T' = T - 2\,\mathfrak{M}\,\mathfrak{N} = 0$$

qui se coupent suivant deux courbes planes.

Les Δ, α, β, γ, δ, α_{rs}, ont les significations déterminées par les relations (5), (8), (15) du paragraphe précédent; les plans $\mathfrak{M}$ et $\mathfrak{N}$ ont pour équations

$$(3) \quad \begin{cases} \mathfrak{M} = M_1 x_1 + M_2 x_2 + M_3 x_3 + M_4 x_4, \\ \mathfrak{N} = N_1 x_1 + N_2 x_2 + N_3 x_3 + N_4 x_4; \end{cases}$$

et les M_r, N_r sont définis comme il suit

$$(4) \quad \begin{cases} M_r = \dfrac{1}{\delta\sqrt{2\,\beta}}\left[\beta\,\dfrac{d\gamma}{dn_r} + (\Delta - \gamma + \delta)\dfrac{d\gamma}{dm_r}\right]; \\[2ex] N_r = \dfrac{1}{\delta\sqrt{2\,\beta}}\left[\beta\,\dfrac{d\gamma}{dn_r} + (\Delta - \gamma - \delta)\dfrac{d\gamma}{dm_r}\right]. \end{cases}$$

L'équation générale des surfaces du second degré, T'', passant par l'intersection des deux surfaces T et T', sera

$$(5) \qquad T'' = T - 2\,\mu\,\mathfrak{M}\,\mathfrak{N} = 0.$$

111. Cherchons maintenant les polaires réciproques des surfaces T, T', T''.

Si l'on désigne par Δ' le discriminant de la fonction T, de sorte que

$$(6) \quad \begin{cases} \Delta' = \begin{vmatrix} \alpha_{11} & \alpha_{12} & \alpha_{13} & \alpha_{14} \\ \alpha_{21} & \alpha_{22} & \alpha_{23} & \alpha_{24} \\ \alpha_{31} & \alpha_{32} & \alpha_{33} & \alpha_{34} \\ \alpha_{41} & \alpha_{42} & \alpha_{43} & \alpha_{44} \end{vmatrix}, \\[2ex] \alpha_{rs} = \dfrac{d\Delta}{da_{rs}}. \end{cases}$$

On aura, d'après les relations connues sur les *déterminants réciproques*,

$$(7) \qquad \Delta' = \Delta^3, \quad \Delta^2\,a_{rs} = \dfrac{d\Delta'}{d\alpha_{rs}}.$$

Il nous sera facile d'avoir les réciproques des surfaces T, T', T''; nous désignerons ces réciproques respectivement par S_1, S'_1, S''_1.

112. Nous constatons d'abord que la réciproque de la

surface T, est

$$(8) \qquad S_1 = \begin{vmatrix} \alpha_{11} & \alpha_{12} & \alpha_{13} & \alpha_{14} & x_1 \\ \alpha_{21} & \alpha_{22} & \alpha_{23} & \alpha_{24} & x_2 \\ \alpha_{31} & \alpha_{32} & \alpha_{33} & \alpha_{34} & x_3 \\ \alpha_{41} & \alpha_{42} & \alpha_{43} & \alpha_{44} & x_4 \\ x_1 & x_2 & x_3 & x_4 & 0 \end{vmatrix} = -\Delta^2 S,$$

en posant

$$(9) \qquad S = \left\{ \begin{aligned} &a_{11}\,x_1^2 + a_{22}\,x_2^2 + a_{33}\,x_3^2 + a_{44}\,x_4^2 + 2\,a_{12}\,x_1\,x_2 \\ &+ 2\,a_{13}\,x_1\,x_3 + 2\,a_{14}\,x_1\,x_4 + 2\,a_{23}\,x_2\,x_3 \\ &+ 2\,a_{24}\,x_2\,x_4 + 2\,a_{34}\,x_3\,x_4 \end{aligned} \right\}.$$

113. Pour obtenir la réciproque S''_1 de T'', il suffira de remplacer dans les formules (7), (8), (9), (10), (11) du paragraphe précédent les quantités

$$a_{rs}, \quad m_r, \quad n_r, \quad \lambda, \quad \text{et } \Delta$$

respectivement par

$$\alpha_{rs}, \quad M_r, \quad N_r, \quad -\mu, \quad \text{et } \Delta'.$$

J'indiquerai par les *mêmes* lettres *accentuées* α', β', γ', D', P', Q', A', E', G', H', les résultats de cette substitution.

Nous aurons ainsi

$$(10) \qquad S''_1 = S_1 + 2\,G'\mu - H'\mu^2$$

pour la réciproque de T''; et, en faisant $\mu = 1$,

$$(11) \qquad S'_1 = S_1 + 2\,G' - H'$$

pour la réciproque de T'.

114. Avant d'aller plus loin, il est nécessaire de déterminer les valeurs des quantités α', β', γ', P', Q'.

Je vais indiquer la marche du calcul pour une de ces

P.

quantités, x' par exemple. On a

$$x' = \begin{vmatrix} x_{11} & x_{12} & x_{13} & x_{14} & M_1 \\ x_{21} & x_{22} & a_{23} & x_{24} & M_2 \\ x_{31} & x_{32} & a_{33} & a_{34} & M_3 \\ a_{41} & x_{42} & x_{43} & x_{44} & M_4 \\ M_1 & M_2 & M_3 & M_4 & 0 \end{vmatrix} = \frac{1}{\delta \sqrt{2\beta}} \left\{ \beta \begin{vmatrix} x_{11} & x_{12} & x_{13} & x_{14} & \dfrac{d\gamma}{dn_1} \\ x_{21} & a_{22} & x_{23} & x_{24} & \dfrac{d\gamma}{dn_2} \\ x_{31} & x_{32} & x_{33} & x_{34} & \dfrac{d\gamma}{dn_3} \\ x_{41} & x_{42} & x_{43} & x_{44} & \dfrac{d\gamma}{dn_4} \\ M_1 & M_2 & M_3 & M_4 & 0 \end{vmatrix} + (\lambda - \gamma + \delta) \begin{vmatrix} x_{11} & x_{12} & x_{13} & x_{14} & \dfrac{d\gamma}{dm_1} \\ x_{21} & x_{22} & x_{23} & x_{24} & \dfrac{d\gamma}{dm_2} \\ x_{31} & x_{32} & x_{33} & x_{34} & \dfrac{d\gamma}{dm_3} \\ x_{41} & x_{42} & x_{43} & x_{44} & \dfrac{d\gamma}{md_4} \\ M_1 & M_2 & M_3 & M_4 & 0 \end{vmatrix} \right\}$$

en ayant égard à la définition (4) des M_r, N_r.

Remarquons maintenant que

$$\frac{d\gamma}{dn_r} = -(m_1 x_{r1} + m_2 x_{r2} + m_3 x_{r3} + m_4 x_{r4}),$$

$$\frac{d\gamma}{dm_r} = -(n_1 x_{r1} + n_2 x_{r2} + n_3 x_{r3} + n_4 x_{r4}).$$

Multiplions alors les quatre premières colonnes du déterminant, multiplicateur de β dans la valeur de α', respectivement par m_1, m_2, m_3, m_4, et ajoutons à la cinquième; opérons de la même manière sur le multiplicateur de $(\Delta - \gamma + \delta)$, en multipliant par n_1, n_2, n_3, n_4; il viendra, eu égard aux relations qui précèdent,

$$\delta\sqrt{2\beta}\cdot\alpha' = \Delta'\left[\begin{array}{c}\beta(m_1 M_1 + m_2 M_2 + m_3 M_3 + m_4 M_4) \\ + (\Delta - \gamma + \delta)(n_1 M_1 + n_2 M_2 + n_3 M_3 + n_4 M_4)\end{array}\right].$$

En faisant intervenir les valeurs (4) des M_r, N_r et, en se rappelant la signification des quantités α, β, γ, δ, définies par les égalités (8), (9), (11) et (15) du paragraphe précédent, on trouve la première des relations suivantes (les autres s'obtiennent par des calculs tout à fait semblables) :

$$(12)\qquad \left\{\begin{aligned} \alpha' &= \frac{\Delta'}{\delta}(\Delta - \gamma + \delta), \\ \beta' &= \frac{\Delta'}{\delta^2}(\Delta - \gamma - \delta), \\ \gamma' &= \frac{\Delta}{\delta}[\gamma(\Delta - \gamma) + \alpha\beta]; \end{aligned}\right.$$

$$(13)\qquad \left\{\begin{aligned} P' &= \frac{\Delta}{\delta\sqrt{2\beta}}[\beta M + (\Delta - \gamma + \delta)N], \\ Q' &= \frac{\Delta}{\delta\sqrt{2\beta}}[\beta M + (\Delta - \gamma - \delta)N]. \end{aligned}\right.$$

Les quantités M et N ont, dans ces dernières relations, la signification établie par les équations (3) du § I.

115. Nous pouvons maintenant procéder à la détermination des réciproques S'_1, S''_1, de T′ et T″.

Nous avons, en effet (11),

$$S'_1 = S + 2G' - H'.$$

D'un autre côté, nous avons entre G', H', . . ., les relations suivantes *similaires* avec les relations (11) et (12) du précédent paragraphe :

$$(14) \quad \begin{cases} \Delta'.\,D' = \alpha'\beta' - \gamma'^2, \\ \Delta'.\,G' = \gamma'\,S_1 - P'Q', \\ \Delta'^2\,H' = \Delta'D'.\,S_1 - (\beta'P'^2 - 2\gamma'P'Q' + \alpha'Q'^2). \end{cases}$$

En substituant à G', H' ces valeurs, nous conclurons

$$(15) \quad \Delta'^2.S'_1 = [(\Delta'+\gamma')^2 - \alpha'\beta']S_1 + [\beta'P'^2 - 2(\Delta'+\gamma')P'Q' + \alpha'Q'^2].$$

Enfin, si l'on a égard aux relations (7), (12) et (13), il vient définitivement

$$(16) \quad \frac{\delta^2}{\Delta'}S'_1 = -(S + 2\,M\,N).$$

116. Ainsi, en résumé, la réciproque S_1 de T (1) sera

$$(17) \quad S_1 = -\Delta^2 S;$$

et la réciproque S'_1 de T' (2) sera

$$(18) \quad S'_1 = -\frac{\Delta^4}{\delta^2}\cdot S'.$$

Dans ces relations, S représente le premier membre de l'équation générale (9) d'une surface du second degré ; et S' est définie par l'égalité

$$(19) \quad S' = S + 2\,MN.$$

117. Considérons actuellement le système des surfaces S''_1 (10), réciproques des surfaces T'', savoir :

$$(20) \quad S''_1 = S_1 + 2\,G'\mu - H'\mu^2.$$

On obtiendra l'enveloppe de ces surfaces, en éliminant

μ entre $S''_1 = 0$ et $\dfrac{dS''_1}{d\mu} = 0$; on trouve ainsi

$$G'^2 + H'S_1 = 0.$$

En remplaçant H' par sa valeur déduite de l'identité (11), et G' par sa valeur déduite de la seconde des équations (14); puis ayant égard aux relations (15) du § I, (7), (12), (13), (17) et (18) du § II, on trouve enfin, après quelques réductions, pour l'équation de l'enveloppe des surfaces S''_1,

$$(21) \quad [2(\Delta - \gamma)S + \beta M^2 + 2(\Delta - \gamma)MN + \alpha N^2]^2 = 4\delta^2 SS'.$$

118. La forme de l'équation (21) nous montre que l'enveloppe des surfaces S''_1 touche les deux surfaces S et S'; ce qui devait être.

Remarquons qu'en passant du système T, T'', T''', au système réciproque, les plans *correspondants* des points *communs* aux surfaces T et T' seront tangents *communs* aux surfaces réciproques S, S', S''_1; donc les réciproques S, S', S''_1, seront tangentes à l'enveloppe de ces plans. Or les surfaces T et T' se coupent suivant des courbes planes; par suite, les plans polaires, correspondant aux points de chaque courbe plane, passeront par un même point et formeront un cône. D'un autre côté, le système réciproque S''_1 est toujours tangent à la surface (21), et comme il est tangent aux cônes enveloppés par les plans polaires, il en résulte que l'*équation* (21) est l'équation *des cônes circonscrits aux deux surfaces* S *et* S'; car l'intersection de deux surfaces S''_1, infiniment voisines, lesquelles sont toujours tangentes à ces cônes, doit se trouver en même temps et sur les cônes et sur l'enveloppe.

119. Dégageant tous ces résultats de calcul, nous pourrons nous résumer ainsi :

Si l'on a deux surfaces du second degré se coupant suivant des courbes planes,

$$(\text{I}) \quad \begin{cases} S = \mathbf{S}\, a_{rs} x_r x_s = 0, \\ S' = S + 2\,MN = 0, \end{cases}$$

où

$$(\text{II}) \quad \begin{cases} M = m_1 x_1 + m_2 x_2 + m_3 x_3 + m_4 x_4, \\ N = n_1 x_1 + n_2 x_2 + n_3 x_3 + n_4 x_4, \end{cases}$$

l'équation du couple des cônes circonscrits à ces deux surfaces sera

$$(\text{III}) \quad \left[2\,(\Delta - \gamma)\,S + \beta\,M^2 + 2\,(\Delta - \gamma)\,MN + \alpha\,N^2 \right]^2 = 4\,\delta^2\,SS'.$$

Dans cette dernière équation, Δ désigne le discriminant de la fonction S, et on a posé, en outre,

$$(\text{IV}) \quad \begin{cases} \alpha = \begin{vmatrix} a_{11} & a_{12} & a_{13} & a_{14} & m_1 \\ a_{21} & a_{22} & a_{23} & a_{24} & m_2 \\ a_{31} & a_{32} & a_{33} & a_{34} & m_3 \\ a_{41} & a_{42} & a_{43} & a_{44} & m_4 \\ m_1 & m_2 & m_3 & m_4 & 0 \end{vmatrix} \qquad \beta = \begin{vmatrix} a_{11} & a_{12} & a_{13} & a_{14} & n_1 \\ a_{21} & a_{22} & a_{23} & a_{24} & n_2 \\ a_{31} & a_{32} & a_{33} & a_{34} & n_3 \\ a_{41} & a_{42} & a_{43} & a_{44} & n_4 \\ n_1 & n_2 & n_3 & n_4 & 0 \end{vmatrix} \\[3em] \gamma = \begin{vmatrix} a_{11} & a_{12} & a_{13} & a_{14} & m_1 \\ a_{21} & a_{22} & a_{23} & a_{24} & m_2 \\ a_{31} & a_{32} & a_{33} & a_{34} & m_3 \\ a_{41} & a_{42} & a_{43} & a_{44} & m_4 \\ n_1 & n_2 & n_3 & n_4 & 0 \end{vmatrix} \qquad \delta^2 = (\Delta - \gamma)^2 - \alpha\beta. \end{cases}$$

120. La forme de l'équation (III) nous montre que les deux cônes sont effectivement tangents aux surfaces S et S'; et nous voyons de plus que les *quatre* courbes de contact sont sur la surface du second degré

$$(\text{V}) \quad \Phi = 2\,(\Delta - \gamma)\,S + \beta\,M^2 + 2\,(\Delta - \gamma)\,MN + \alpha\,N^2.$$

Cette surface Φ coupe aussi les deux surfaces S et S'

suivant deux courbes planes,

la surface S, suivant les plans

$$\begin{cases} \beta M + (\Delta - \gamma + \delta)N = 0 & (1) \\ \beta M + (\Delta - \gamma - \delta)N = 0 & (3) \end{cases}$$

la surface S', suivant les plans

$$\begin{cases} \beta M - (\Delta - \gamma - \delta)N = 0 & (2) \\ \beta M - (\Delta - \gamma + \delta)N = 0 & (4) \end{cases}$$

plans I.

Les quatre plans (1), (2), (3), (4), qui se coupent suivant la droite (M, N), forment un *faisceau harmonique*.

121. En remplaçant dans l'équation (III) S' par sa valeur identique $S + 2MN$, on parvient aisément à la mettre sous la forme :

$$[2\alpha\beta S + \beta(\Delta - \gamma)M^2 + 2\alpha\beta MN + \alpha(\Delta - \gamma)N^2]^2 = \delta^2(\beta M^2 - \alpha N^2)^2,$$

et nous arrivons ainsi à séparer les équations des deux cônes.

Les équations des deux cônes C *et* C' *circonscrits aux deux surfaces* S *et* S' *seront donc*

$$(VI) \quad \begin{cases} C = 2\alpha\beta S + \beta(\Delta - \gamma + \delta)M^2 + 2\alpha\beta MN \\ \qquad + \alpha(\Delta - \gamma - \delta)N^2 = 0, \\ C' = 2\alpha\beta S + \beta(\Delta - \gamma - \delta)M^2 + 2\alpha\beta MN \\ \qquad + \alpha(\Delta - \gamma + \delta)N^2 = 0. \end{cases}$$

On constate tout de suite que ces deux cônes se coupent eux-mêmes suivant deux courbes planes, dont les plans ont pour équations

$$(VII) \quad \begin{cases} \sqrt{\beta} M + \sqrt{\alpha} N = 0, \\ \sqrt{\beta} M - \sqrt{\alpha} N = 0. \end{cases}$$

Ces deux plans, conjointement avec les deux plans M et N, forment encore un *faisceau harmonique*.

122. Les équations (VI) des deux cônes peuvent s'écrire :

$$(\text{VIII}) \quad \begin{cases} C = 2\,\alpha\beta S + \dfrac{\beta}{\Delta - \gamma + \delta}\,[\,(\Delta - \gamma + \delta)\,M + \alpha N\,]^2, \\[2em] C' = 2\,\alpha\beta S + \dfrac{\beta}{\Delta - \gamma - \delta}\,[\,(\Delta - \gamma - \delta)\,M + \alpha N\,]^2, \end{cases}$$

ou bien encore, en remplaçant S par $(S' - 2\,MN)$,

$$(\text{IX}) \quad \begin{cases} C = 2\,\alpha\beta S' + \dfrac{\beta}{\Delta - \gamma + \delta}\,[\,(\Delta - \gamma + \delta)\,M - \alpha N\,]^2, \\[2em] C' = 2\,\alpha\beta S' + \dfrac{\beta}{\Delta - \gamma - \delta}\,[\,(\Delta - \gamma - \delta)\,M - \alpha N\,]^2. \end{cases}$$

On vérifie alors que les cônes C et C' sont tangents aux deux surfaces S et S', et l'on voit en outre que

les plans de contact du cône C sont : $\begin{cases} \text{avec } S, \quad (\Delta - \gamma + \delta)\,M + \alpha N = 0, \\ \text{avec } S', \quad (\Delta - \gamma + \delta)\,M - \alpha N = 0; \end{cases}$

les plans de contact du cône C' sont : $\begin{cases} \text{avec } S, \quad (\Delta - \gamma - \delta)\,M + \alpha N = 0, \\ \text{avec } S', \quad (\Delta - \gamma - \delta)\,(M - \alpha N = 0. \end{cases}$

Remarquons que ces derniers plans, en égard à la relation (IV), coïncident avec les plans L.

Nous avons ainsi ce théorème remarquable :

La surface $\Phi\,(V)$ contient les quatre courbes de contact des cônes C et C' avec les surfaces S et S'; et, de plus, ce sont les courbes suivant lesquelles elle coupe les deux surfaces S et S'.

123. Enfin par la droite (M, N) passent les deux *fais-*

ceaux harmoniques,

1°

des *plans* suivant lesquels se coupent les deux surfaces S et S', et les deux cônes C et C' :

$$M = 0,$$
$$M \sqrt{\beta} - N \sqrt{\alpha} = 0,$$
$$N = 0,$$
$$M \sqrt{\beta} + N \sqrt{\alpha} = 0 ;$$

2°

des *plans* des courbes de contact des deux cônes, lesquelles sont aussi les intersections de surface Φ avec les surfaces S et S' :

$$\beta M + (\Delta - \gamma + \delta) N = 0,$$
$$\beta M - (\Delta - \gamma - \delta) N = 0,$$
$$\beta M + (\Delta - \gamma - \delta) N = 0,$$
$$\beta M - (\Delta - \gamma + \delta) N = 0.$$

124. La discussion et l'interprétation des cas particuliers où l'on aurait $\alpha = 0$, ou $\beta = 0$, etc., ne saurait présenter de difficultés ; je ne m'y arrêterai pas.

§ III. — *Équation générale des surfaces réglées circonscrites à deux surfaces du second degré.*

125. Considérons la surface du second degré

$$(1) \qquad \varphi = \sum a_{rs} x_r x_s = 0,$$

et la droite D,

$$(2) \qquad \begin{cases} m_1 x_1 + m_2 x_2 + m_3 x_3 + m_4 x_4 = 0, \\ n_1 x_1 + n_2 x_2 + n_3 x_3 + n_4 x_4 = 0. \end{cases}$$

Pour que cette droite soit tangente à la surface φ, il faut et il suffit (chap. II, § I, n° 36) que

$$(3)\qquad \begin{vmatrix} a_{11} & a_{12} & a_{13} & a_{14} & m_1 & n_1 \\ a_{21} & a_{22} & a_{23} & a_{24} & m_2 & n_2 \\ a_{31} & a_{32} & a_{33} & a_{34} & m_3 & n_3 \\ a_{41} & a_{42} & a_{43} & a_{44} & m_4 & n_4 \\ m_1 & m_2 & m_3 & m_4 & 0 & 0 \\ n_1 & n_2 & n_3 & n_4 & 0 & 0 \end{vmatrix} = 0.$$

Si l'on multiplie les quatre premières lignes de ce déterminant par x_1, x_2, x_3, x_4, et qu'on ajoute les trois premières à la quatrième, en ayant égard aux relations (2) ; puis qu'on opère de la même manière sur les quatre premières colonnes du déterminant ainsi obtenu, l'équation (3) sera transformée en la suivante :

$$(4)\qquad \begin{vmatrix} a_{11} & a_{12} & a_{13} & \dfrac{d\varphi}{dx_1} & m_1 & n_1 \\[2ex] a_{21} & a_{22} & a_{23} & \dfrac{d\varphi}{dx_2} & m_2 & n_2 \\[2ex] a_{31} & a_{32} & a_{33} & \dfrac{d\varphi}{dx_3} & m_3 & n_3 \\[2ex] \dfrac{d\varphi}{dx_1} & \dfrac{d\varphi}{dx_2} & \dfrac{d\varphi}{dx_3} & \varphi & 0 & 0 \\[2ex] m_1 & m_2 & m_3 & 0 & 0 & 0 \\[1ex] n_1 & n_2 & n_3 & 0 & 0 & 0 \end{vmatrix} = 0.$$

Or, si maintenant on pose

$$\begin{cases} m_3 n_2 - m_2 n_3 = \lambda_1 \\ m_1 n_3 - m_3 n_1 = \lambda_2 \\ m_2 n_1 - m_1 n_2 = \lambda_3 \end{cases}$$

puis

$$(5) \qquad R = \begin{vmatrix} a_{11} & a_{12} & a_{13} & \dfrac{d\varphi}{dx_1} \\[6pt] a_{21} & a_{22} & a_{23} & \dfrac{d\varphi}{dx_2} \\[6pt] a_{31} & a_{32} & a_{33} & \dfrac{d\varphi}{dx_3} \\[6pt] \dfrac{d\varphi}{dx_1} & \dfrac{d\varphi}{dx_2} & \dfrac{d\varphi}{dx_3} & 4\varphi \end{vmatrix}$$

et qu'on développe l'équation (4), on obtient définitivement

$$(6) \quad \left\{ \begin{aligned} &\lambda_1^2 \frac{d^2 R}{da_{22} da_{33}} + \lambda_2^2 \frac{d^2 R}{da_{33} da_{11}} + \lambda_3^2 \frac{d^2 R}{da_{11} da_{22}} \\ &- 2\lambda_1 \lambda_2 \frac{d^2 R}{da_{12} da_{33}} - 2\lambda_1 \lambda_3 \frac{d^2 R}{da_{13} da_{22}} - 2\lambda_2 \lambda_3 \frac{d^2 R}{da_{23} da_{11}} \end{aligned} \right\} = 0.$$

C'est l'équation que doivent vérifier les coordonnées d'un point quelconque de toute droite tangente à la surface φ.

126. Si nous imaginons une seconde surface

$$(7) \qquad \psi = \sum b_{rs} x_r x_s = 0,$$

et que la droite D soit aussi tangente à cette surface, les coordonnées d'un quelconque de ses points devront encore vérifier l'équation

$$(8) \quad \left\{ \begin{aligned} &\lambda_1^2 \frac{d^2 S}{db_{22} db_{33}} + \lambda_2^2 \frac{d^2 S}{db_{33} db_{11}} + \lambda_3^2 \frac{d^2 S}{db_{11} db_{22}} \\ &- 2\lambda_1 \lambda_2 \frac{d^2 S}{db_{12} db_{33}} - 2\lambda_1 \lambda_3 \frac{d^2 S}{db_{13} db_{22}} - 2\lambda_2 \lambda_3 \frac{d^2 S}{db_{23} db_{11}} \end{aligned} \right\} = 0.$$

Dans cette dernière équation, on a représenté par S le

(156)

déterminant

$$(9) \qquad S = \begin{vmatrix} b_{11} & b_{12} & b_{13} & \dfrac{d\psi}{dx_1} \\[2ex] b_{21} & b_{22} & b_{23} & \dfrac{d\psi}{dx_2} \\[2ex] b_{31} & b_{32} & b_{33} & \dfrac{d\psi}{dx_3} \\[2ex] \dfrac{d\psi}{dx_1} & \dfrac{d\psi}{dx_2} & \dfrac{d\psi}{dx_3} & 4\psi \end{vmatrix}$$

127. Si, entre les deux équations (6) et (8), on élimine λ_1, et qu'on désigne par la lettre λ le rapport $\dfrac{\lambda_2}{\lambda_3}$, on aura, pour l'équation générale des surfaces réglées circonscrites aux deux surfaces φ et ψ, une équation de la forme

$$T^2 = 4 U V,$$

dans laquelle

$$\begin{cases} U = A\lambda + B, \\ T = A'\lambda^2 + 2 B'\lambda + C', \\ V = A''\lambda^3 + B''\lambda^2 + C''\lambda + D'', \end{cases}$$

λ représentant une constante indéterminée, et les lettres A, B, A', B', C', A'', B'', C'', D'' des fonctions homogènes du quatrième degré des coordonnées x_1, x_2, x_3, x_4 d'un point quelconque de la surface réglée.

Il serait facile, en adoptant la même marche, de former l'équation de la surface réglée circonscrite à trois surfaces du second degré.

§ IV. — *Propriétés des tétraèdres conjugués.*

128. Un tétraèdre est dit *conjugué* lorsque chacun de ses sommets est le pôle du plan qui passe par les trois autres.

$$(157)$$

Je désignerai par M_1, M_2, M_3, M_4 les quatre sommets d'un semblable tétraèdre, et par (x_1, y_1, z_1), (x_2, y_2, z_2) (x_3, y_3, z_3), (x_4, y_4, z_4) leurs coordonnées respectives.

1°. *Surfaces à centre.*

129. Prenons, par exemple, l'ellipsoïde

$$\frac{x^2}{a^2} + \frac{y^2}{b^2} + \frac{z^2}{c^2} = 1.$$

Posons

$$(1) \qquad D = \begin{vmatrix} x_1 & x_2 & x_3 & x_4 \\ y_1 & y_2 & y_3 & y_4 \\ z_1 & z_2 & z_3 & z_4 \\ a_1 & a_2 & a_3 & a_4 \end{vmatrix} \qquad \text{ou} \qquad a_1 = a_2 = a_3 = a_4 = 1,$$

et

$$(2) \qquad D_r = \frac{dD}{da_r}.$$

Si l'on se rappelle que l'équation d'un plan passant par les trois points M_2, M_3, M_4 peut se mettre sous la forme

$$\begin{vmatrix} x & x_2 & x_3 & x_4 \\ y & y_2 & y_3 & y_4 \\ z & z_2 & z_3 & z_4 \\ 1 & 1 & 1 & 1 \end{vmatrix} = 0;$$

qu'on identifie cette équation avec celle du plan polaire du point M_1, savoir :

$$\frac{x x_1}{a^2} + \frac{y y_1}{b^2} + \frac{z z_1}{c^2} = 1,$$

et qu'on opère de la même manière pour les quatre sommets M_1, M_2, M_3, M_4, on obtient les douze relations suivantes

$$(3) \quad D_r x_r = - a^2 \frac{dD}{dx_r}, \quad D_r y_r = - b^2 \frac{dD}{dy_r}, \quad D_r z_r = - c^2 \frac{dD}{dz_r},$$

où

$$r = 1, 2, 3, 4.$$

Remarquons tout de suite que D est égal à six fois le volume du tétraèdre $M_1 M_2 M_3 M_4$; D_1 à six fois le volume du tétraèdre $OM_2 M_3 M_4$; D_2 à six fois le volume de $OM_3 M_4 M_1$, etc.; O est le centre de l'ellipsoïde.

130. Les formules bien connues du développement d'un déterminant au moyen de ses déterminants dérivés appliquées au déterminant D, en ayant égard aux relations (3), nous conduisent aux égalités suivantes :

$$(4) \qquad D_1 + D_2 + D_3 + D_4 = D;$$

$$(5) \quad \begin{cases} D_1 x_1^2 + D_2 x_2^2 + D_3 x_3^2 + D_4 x_4^2 + a^2 D = 0, \\ D_1 y_1^2 + D_2 y_2^2 + D_3 y_3^2 + D_4 y_4^2 + b^2 D = 0, \\ D_1 z_1^2 + D_2 z_2^2 + D_3 z_3^2 + D_4 z_4^2 + c^2 D = 0; \end{cases}$$

$$(6) \quad \begin{cases} D_1 x_1 y_1 + D_2 x_2 y_2 + D_3 x_3 y_3 + D_4 x_4 y_4 = 0, \\ D_1 x_1 z_1 + D_2 x_2 z_2 + D_3 x_3 z_3 + D_4 x_4 z_4 = 0, \\ D_1 y_1 z_1 + D_2 y_2 z_2 + D_3 y_3 z_3 + D_4 y_4 z_4 = 0; \end{cases}$$

$$(7) \quad \begin{cases} \dfrac{x_r^2}{a^2} + \dfrac{y_r^2}{b^2} + \dfrac{z_r^2}{c^2} - 1 = -\dfrac{D}{D_r}, \\ r = 1, 2, 3, 4; \end{cases}$$

$$(8) \quad \begin{cases} \dfrac{x_r x_s}{a^2} + \dfrac{y_r y_s}{b^2} + \dfrac{z_r z_s}{c^2} = 1, \\ r, s = 1, 2, 3, 4; \quad r \gtrless s. \end{cases}$$

Les six dernières relations (8) sont suffisantes pour exprimer que le tétraèdre $M_1 M_2 M_3 M_4$ est conjugué; car elles indiquent que le plan polaire d'un quelconque de ses sommets passe par les trois autres.

131. Cherchons maintenant l'équation de la sphère circonscrite au tétraèdre en question. Si.

$$x^2 + y^2 + z^2 + 2mx + 2ny + 2pz + q = 0$$

étant l'équation de cette sphère, on exprime qu'elle passe

par les quatre sommets, l'élimination de m, n, p, q entre les cinq équations obtenues nous donnera pour l'équation de la sphère circonscrite

$$(9) \qquad \begin{vmatrix} x^2 + y^2 + z^2 & 2x & 2y & 2z & 1 \\ r_1^2 & 2x_1 & 2y_1 & 2z_1 & 1 \\ r_2^2 & 2x_2 & 2y_2 & 2z_2 & 1 \\ r_3^2 & 2x_3 & 2y_3 & 2z_3 & 1 \\ r_4^2 & 2x_4 & 2y_4 & 2z_4 & 1 \end{vmatrix} = 0;$$

on a posé

$$(10) \qquad \begin{cases} r_i^2 = \overline{OM_i}^2 = x_i^2 + y_i^2 + z_i^2, \\ i = 1, 2, 3, 4. \end{cases}$$

On voit facilement qu'en représentant par X, Y, Z les coordonnées du centre de la sphère et par L^2 le carré de la tangente menée de l'origine à cette sphère, on a les relations suivantes :

$$(11) \qquad \begin{cases} 2\,DX = r_1^2 \dfrac{dD}{dx_1} + r_2^2 \dfrac{dD}{dx_2} + r_3^2 \dfrac{dD}{dx_3} + r_4^2 \dfrac{dD}{dx_4}, \\[2mm] 2\,DY = r_1^2 \dfrac{dD}{dy_1} + r_2^2 \dfrac{dD}{dy_2} + r_3^2 \dfrac{dD}{dy_3} + r_4^2 \dfrac{dD}{dz_4}, \\[2mm] 2\,DZ = r_1^2 \dfrac{dD}{dz_1} + r_2^2 \dfrac{dD}{dz_2} + r_3^2 \dfrac{dD}{dz_3} + r_4^2 \dfrac{dD}{dz_4}, \\[2mm] -\,DL^2 = r_1^2\, D_1 + r_2^2\, D_2 + r_3^2\, D_3 + r_4^2\, D_4. \end{cases}$$

132. Les formules que je viens d'établir permettent de constater de nombreuses propriétés relatives aux tétraèdres conjugués. Je signalerai les suivantes.

Les égalités (5), ajoutées membre à membre, donnent

$$(12) \quad D_1 r_1^2 + D_2 r_2^2 + D_3 r_3^2 + D_4 r_4^2 + D\,(a^2 + b^2 + c^2) = 0.$$

D'où

THÉORÈME 1. *Désignant par* V *le volume d'un tétraèdre conjugué* $M_1 M_2 M_3 M_4$, *par* V_1 *celui de*

$OM_2 M_3 M_4$, *par* V_2 *celui de* $OM_3 M_4 M_1$, *etc., on aura entre ces volumes la relation constante*

$$V (a^2 + b^2 + c^2) = V_1 . \overline{OM_1}^2 + V_2 . \overline{OM_2}^2 + V_3 . \overline{OM_3}^2 + V_4 . \overline{OM_4}^2.$$

Les volumes V_1, V_2, V_3, V_4 doivent être affectés d'un signe tel, que leur somme soit égale $V (4)$; O est le centre de l'ellipsoïde.

133. Le déterminant D peut s'écrire des deux manières suivantes :

$$D = abc \begin{vmatrix} \dfrac{x_1}{a} & \dfrac{x_2}{a} & \dfrac{x_3}{a} & \dfrac{x_4}{a} \\ \dfrac{y_1}{b} & \dfrac{y_2}{b} & \dfrac{y_3}{b} & \dfrac{y_4}{b} \\ \dfrac{z_1}{c} & \dfrac{z_2}{c} & \dfrac{z_3}{c} & \dfrac{z_4}{c} \\ 1 & 1 & 1 & 1 \end{vmatrix}$$

$$- D = abc \begin{vmatrix} \dfrac{x_1}{a} & \dfrac{x_2}{a} & \dfrac{x_3}{a} & \dfrac{x_4}{a} \\ \dfrac{y_1}{b} & \dfrac{y_2}{b} & \dfrac{y_3}{b} & \dfrac{y_4}{b} \\ \dfrac{z_1}{c} & \dfrac{z_2}{c} & \dfrac{z_3}{c} & \dfrac{z_4}{c} \\ -1 & -1 & -1 & -1 \end{vmatrix}$$

Effectuons par colonnes la multiplication de ces deux déterminants ; en faisant intervenir les relations (7) et (8), on trouve

$$- D^2 = a^2 b^2 c^2 \frac{D^4}{D_1 D_2 D_3 D_4}.$$

On en conclut que

THÉORÈME II. *Entre les volumes* V, V_1, V_2, V_3, V_4 *et le tétraèdre construit sur les axes de l'ellipsoïde, on a la* relation constante

$$\frac{V_1 V_2 V_3 V_4}{V^2} = \left(\frac{abc}{6}\right)^2.$$

134. Eu égard à la relation (12), la dernière des égalités (11) nous donne

$$(13) \qquad L = a^2 + b^2 + c^2,$$

d'où

Théorème III. *Le carré de la tangente menée du centre de l'ellipsoïde à la sphère circonscrite à un tétraèdre conjugué quelconque est constante et égale à*

$$(a^2 + b^2 + c^2).$$

C'est la généralisation du beau théorème énoncé par M. Faure sur les coniques.

135. Si l'on multiplie les égalités (11) respectivement par x_i, y_i, z_i, 1, et qu'on ajoute les résultats, on obtient les quatre relations suivantes :

$$(14) \qquad \begin{cases} 2(X x_i + Y y_i + Z z_i) = r_i^2 + a^2 + b^2 + c^2, \\ i = 1, 2, 3, 4. \end{cases}$$

D'où

Théorème IV. *Si l'on se donne un point fixe, M_1 par exemple, les centres des sphères circonscrites aux tétraèdres conjugués en nombre infini, ayant un de leurs sommets au point fixe, seront constamment dans un plan perpendiculaire à* $\overline{OM_1}$ *et à une distance de l'origine égale à*

$$\frac{\overline{OM_1}^2 + a^2 + b^2 + c^2}{2\,\overline{OM_1}}.$$

N. B. Les théorèmes correspondant aux hyperboloïdes s'obtiendront par les changements connus.

P.   11

2°. *Surfaces dénuées de centre.*

136. Prenons, par exemple, le paraboloïde elliptique

$$\frac{y^2}{p} + \frac{z^2}{q} - 2x = 0.$$

Conservant toujours les notations (1), (2), les conditions qui expriment que le tétraèdre $M_1 M_2 M_3 M_4$ est *conjugué* pourront s'écrire

$$(15) \quad \left(D_r = x_r \frac{dD}{dx_r}, \quad \frac{dD}{dy_r} = -\frac{y_r}{p} \frac{dD}{dx_r}, \quad \frac{dD}{dz_r} = -\frac{z_r}{q} \frac{dD}{dx_r} \right),$$

où

$$r = 1, 2, 3, 4.$$

Remarquons encore que $\frac{dD}{dx_1}, \frac{dD}{dx_2}, \frac{dD}{dx_3}, \frac{dD}{dx_4}$ représentent le double de la projection sur le plan des yz des triangles $M_2 M_3 M_4$, $M_3 M_4 M_1$, $M_4 M_1 M_2$, $M_1 M_2 M_3$.

137. Les formules relatives aux déterminants, combinées avec les relations (15), nous donneront ici

$$(16) \quad \frac{dD}{dx_1} + \frac{dD}{dx_2} + \frac{dD}{dx_3} + \frac{dD}{dx_4} = 0;$$

$$(17) \quad \begin{cases} x_1^2 \frac{dD}{dx_1} + x_2^2 \frac{dD}{dx_2} + x_3^2 \frac{dD}{dx_3} + x_4^2 \frac{dD}{dx_4} = 0, \\ y_1^2 \frac{dD}{dx_1} + y_2^2 \frac{dD}{dx_2} + y_3^2 \frac{dD}{dx_3} + y_4^2 \frac{dD}{dx_4} + pD = 0, \\ z_1^2 \frac{dD}{dx_1} + z_2^2 \frac{dD}{dx_2} + z_3^2 \frac{dD}{dx_3} + z_4^2 \frac{dD}{dx_4} + qD = 0; \end{cases}$$

$$(18) \quad \begin{cases} x_1 y_1 \frac{dD}{dx_1} + x_2 y_2 \frac{dD}{dx_2} + x_3 y_3 \frac{dD}{dx_3} + x_4 y_4 \frac{dD}{dx_4} = 0, \\ x_1 z_1 \frac{dD}{dx_1} + x_2 z_2 \frac{dD}{dx_2} + x_3 z_3 \frac{dD}{dx_3} + x_4 z_4 \frac{dD}{dx_4} = 0, \\ y_1 z_1 \frac{dD}{dx_1} + y_2 z_2 \frac{dD}{dx_2} + y_3 z_3 \frac{dD}{dx_3} + y_4 z_4 \frac{dD}{dx_4} = 0; \end{cases}$$

$$(19)\quad \left\{ \begin{array}{l} 2x_r - \dfrac{y_r^2}{p} - \dfrac{z_r^2}{q} = \dfrac{D}{\dfrac{dD}{dx_r}}, \\ r = 1,\ 2,\ 3,\ 4; \end{array} \right.$$

$$(20)\quad \left\{ \begin{array}{l} (x_r + x_s) - \dfrac{y_r y_s}{p} - \dfrac{z_r z_s}{q} = 0, \\ r, s = 1,\ 2,\ 3,\ 4; \quad r \gtrless s. \end{array} \right.$$

138. Les égalités (17), ajoutées membre à membre, conduisent à

$$(21)\quad r_1^2 \frac{dD}{dx_1} + r_2^2 \frac{dD}{dx_2} + r_3^2 \frac{dD}{dx_3} + r_4^2 \frac{dD}{dx_4} + (p+q)\, D = 0.$$

D'où

Théorème V. *Désignant par* V *le volume d'un tétraèdre conjugué* $M_1 M_2 M_3 M_4$, *par* S_1, S_2, S_3, S_4 *les projections, sur le plan des* yz, *des faces* $M_2 M_3 M_4$, $M_3 M_4 M_1$, $M_4 M_1 M_2$, $M_1 M_2 M_3$, *on a entre ces quantités la relation constante*

$$3(p+q)V + S_1 . \overline{OM_1}^2 + S_2 . \overline{OM_2}^2 + S_3 . \overline{OM_3}^2 + S_4 . \overline{OM_4}^2 = 0.$$

Les surfaces S_1, S_2, S_3, S_4 doivent être affectées de signes tels, que leur somme soit nulle (16).

139. Le déterminant D peut encore s'écrire sous les deux formes suivantes :

$$D = \sqrt{pq} \begin{vmatrix} x_1 & x_2 & x_3 & x_4 \\ \dfrac{y_1}{\sqrt{p}} & \dfrac{y_2}{\sqrt{p}} & \dfrac{y_3}{\sqrt{p}} & \dfrac{y_4}{\sqrt{p}} \\ \dfrac{z_1}{\sqrt{q}} & \dfrac{z_2}{\sqrt{q}} & \dfrac{z_3}{\sqrt{q}} & \dfrac{z_4}{\sqrt{q}} \\ 1 & 1 & 1 & 1 \end{vmatrix}$$

$$ \mathrm{D} = \sqrt{pq}\; \begin{vmatrix} \dfrac{-y_1}{\sqrt{p}} & \dfrac{-y_2}{\sqrt{p}} & \dfrac{-y_3}{\sqrt{p}} & \dfrac{-y_4}{\sqrt{p}} \\[2ex] \dfrac{-z_1}{\sqrt{q}} & \dfrac{-z_2}{\sqrt{q}} & \dfrac{-z_3}{\sqrt{q}} & \dfrac{-z_4}{\sqrt{q}} \\[2ex] x_1 & x_2 & x_3 & x_4 \end{vmatrix} $$

Effectuant, par colonnes, la multiplication de ces deux déterminants et faisant intervenir les relations (19) et (20), on trouve

$$ -\,\mathrm{D}^2 = pq\;\frac{\mathrm{D}}{\dfrac{d\mathrm{D}}{dx_1}\cdot\dfrac{d\mathrm{D}}{dx_2}\cdot\dfrac{d\mathrm{D}}{dx_3}\cdot\dfrac{d\mathrm{D}}{dx_4}}. $$

On en conclut que

Théorème VI. *Entre le volume* V *et les surfaces* S_1, S_2, S_3, S_4, *on a la relation constante*

$$ \frac{S_1 S_2 S_3 S_4}{V^2} = \frac{9}{4}\,pq\,. $$

140. La première des relations (11) comparée avec la relation (21) nous donne

$$ (22) \qquad\qquad X = -\,\frac{p+q}{2}\,. $$

D'où

Théorème VII. *Le centre de la sphère circonscrite à un tétraèdre conjugué quelconque est constamment dans un plan perpendiculaire à l'axe de la surface et à une distance du sommet égale à*

$$ -\left(\frac{p+q}{2}\right). $$

§ V. — *Relations entre les diamètres conjugués d'une surface du second ordre.*

141. Les relations que je vais rappeler ici sont bien connues; mais je crois qu'il n'est pas inutile d'en donner une démonstration basée sur les principes qui caractérisent l'analyse développée dans tout le cours de cet ouvrage.

Lemme. Pour que la fonction

$$A_{11} X_1^2 + A_{22} X_2^2 + A_{33} X_3^2$$
$$+ 2 A_{12} X_1 X_2 + 2 A_{13} X_1 X_3 + 2 A_{23} X_2 X_3$$

se réduise à la somme de deux carrés, il faut et il suffit que

$$\begin{vmatrix} A_{11} & A_{12} & A_{13} \\ A_{21} & A_{22} & A_{23} \\ A_{31} & A_{32} & A_{33} \end{vmatrix} = 0.$$

142. Soit une surface du second degré rapportée à son centre

$$(1) \quad \left\{ \begin{aligned} & a_{11} x_1^2 + a_{22} x_2^2 + a_{33} x_3^2 \\ & + 2 a_{12} x_1 x_2 + 2 a_{13} x_1 x_3 + 2 a_{23} x_2 x_3 = h; \\ & \text{où} \\ & h = - \frac{\Delta}{\dfrac{d\Delta}{da_{11}}} \ (\text{n}^\circ 82); \end{aligned} \right.$$

nous désignerons par S le premier membre de cette équation, et par α_1, α_2, α_3, les cosinus des angles des axes, de sorte que

$$\alpha_1 = \cos \left(\overset{\frown}{x_2, x_3} \right), \quad \alpha_2 = \cos \left(\overset{\frown}{x_3, x_1} \right), \quad \alpha_3 = \cos \left(\overset{\frown}{x_1, x_2} \right).$$

Soit maintenant

$$(2) \qquad b_{11}\, y_1^2 + b_{22}\, y_2^2 + b_{33}\, y_3^2$$
$$+ 2\, b_{12}\, y_1\, y_2 + 2\, b_{13}\, y_1\, y_3 + 2\, b_{23}\, y_2\, y_3 = h,$$

la forme que prend l'équation (1) lorsqu'on rapporte la surface donnée à de nouveaux axes oy_1, oy_2, oy_3, d'angles $\beta_1, \beta_2, \beta_3$, de sorte que

$$\beta_1 = \cos\left(\widehat{y_2, y_3}\right), \quad \beta_2 = \cos\left(\widehat{y_3, y_1}\right), \quad \beta_3 = \cos\left(\widehat{y_1, y_2}\right);$$

nous désignerons par T le premier membre de l'équation (2).

Considérons enfin les deux fonctions

$$M = x_1^2 + x_2^2 + x_3^2 + 2\, \alpha_3\, x_1\, x_2 + 2\, \alpha_2\, x_1\, x_3 + 2\, \alpha_1\, x_2\, x_3,$$

$$N = y_1^2 + y_2^2 + y_3^2 + 2\, \beta_3\, y_1\, y_2 + 2\, \beta_2\, y_1\, y_3 + 2\, \beta_1\, y_2\, y_3,$$

qui représentent le carré de la distance d'un même point M à l'origine des coordonnées dans le premier, puis dans le second système d'axes.

143. Lorsqu'on passe du système des axes primitifs au système nouveau et quelconque, la fonction S se change en T, et la fonction M en N; donc la fonction $S + \lambda M$ se changera en $T + \lambda N$, quelle que soit l'indéterminée λ. Par conséquent, si pour une certaine valeur de λ la fonction $S + \lambda M$ devient la somme de deux carrés, la fonction $T + \lambda N$ deviendra aussi, pour cette même valeur de λ, la somme de deux carrés. Par suite, si l'on exprime que les deux fonctions $S + \lambda M$ et $T + \lambda N$ se réduisent à la somme de deux carrés, les deux équations ainsi obte-

nues, savoir

$$(3) \quad \begin{cases} \begin{vmatrix} a_{11} + \lambda & a_{12} + \lambda\alpha_3 & a_{13} + \lambda\alpha_2 \\ a_{21} + \lambda\alpha_3 & a_{22} + \lambda & a_{23} + \lambda\alpha_1 \\ a_{31} + \lambda\alpha_2 & a_{32} + \lambda\alpha_1 & a_{33} + \lambda \end{vmatrix} = 0, \\[2em] \begin{vmatrix} b_{11} + \lambda & b_{12} + \lambda\beta_3 & b_{13} + \lambda\beta_2 \\ b_{21} + \lambda\beta_3 & b_{22} + \lambda & b_{23} + \lambda\beta_1 \\ b_{31} + \lambda\beta_2 & b_{32} + \lambda\beta_1 & b_{33} + \lambda \end{vmatrix} = 0 \end{cases}$$

devront avoir les mêmes racines en λ.

144. Posons

$$(4) \quad \begin{cases} A = \begin{vmatrix} 1 & \alpha_3 & \alpha_2 \\ \alpha_3 & 1 & \alpha_1 \\ \alpha_2 & \alpha_1 & 1 \end{vmatrix}, \\[3em] \delta = \begin{vmatrix} a_{11} & a_{12} & a_{13} \\ a_{21} & a_{22} & a_{23} \\ a_{31} & a_{32} & a_{33} \end{vmatrix} = \dfrac{d\Delta}{da_{11}} \quad \left(\begin{array}{l} \Delta \text{ étant le discriminant} \\ \text{de l'équation générale} \\ \text{du second degré non} \\ \text{rapportée au centre.} \end{array} \right) \\[3em] B = \dfrac{d\delta}{da_{11}} + \dfrac{d\delta}{da_{22}} + \dfrac{d\delta}{da_{33}} + 2\alpha_1 \dfrac{d\delta}{da_{23}} + 2\alpha_2 \dfrac{d\delta}{da_{31}} + 2\alpha_3 \dfrac{d\delta}{da_{12}}; \\[2em] C = a_{11}(1 - \alpha_1^2) + a_{22}(1 - \alpha_2^2) + a_{33}(1 - \alpha_3^2) \\ \qquad + 2a_{12}(\alpha_1\alpha_2 - \alpha_3) + 2a_{13}(\alpha_1\alpha_3 - \alpha_2) \\ \qquad + 2a_{23}(\alpha_2\alpha_3 - \alpha_1). \end{cases}$$

Les quantités A, B, C, δ sont des quantités connues
et constantes qui ne dépendent que des coefficients de
l'équation primitive et des angles des anciens axes; A représente le carré du volume du parallélipipède construit
sur les trois axes primitifs ox_1, ox_2, ox_3, avec des longueurs égales à l'unité.

En exprimant que les équations (3) ont les mêmes racines, on arrive aux trois relations fondamentales sui-

vantes entre les coefficients de l'équation primitive et ceux de l'équation rapportée aux nouveaux axes :

$$(\mathrm{I}) \qquad \frac{\Theta}{V} = \frac{\delta}{\Lambda},$$

$$(\mathrm{II}) \quad \frac{d\Theta}{db_{11}} + \frac{d\Theta}{db_{22}} + \frac{d\Theta}{db_{33}} + 2\beta_1 \frac{d\Theta}{db_{23}} + 2\beta_2 \frac{d\Theta}{db_{31}} + 2\beta_3 \frac{d\Theta}{db_{12}} = \frac{B}{\Lambda} \cdot V,$$

$$(\mathrm{III}) \quad \begin{aligned} &b_{11}(1-\beta_1^2) + b_{22}(1-\beta_2^2) + b_{33}(1-\beta_3^2) \\ &\qquad + 2 b_{12}(\beta_1\beta_2 - \beta_3) + 2 b_{13}(\beta_1\beta_3 - \beta_2) \\ &\qquad + 2 b_{23}(\beta_2\beta_3 - \beta_1) = \frac{C}{\Lambda} \cdot V ; \end{aligned}$$

dans ces relations Θ et V ont la signification suivante :

$$(5 \quad \left\{ \begin{aligned} V &= \begin{vmatrix} 1 & \beta_3 & \beta_2 \\ \beta_3 & 1 & \beta_1 \\ \beta_2 & \beta_1 & 1 \end{vmatrix}, \\[2ex] \Theta &= \begin{vmatrix} b_{11} & b_{12} & b_{13} \\ b_{21} & b_{22} & b_{23} \\ b_{31} & b_{32} & b_{33} \end{vmatrix} ; \end{aligned} \right.$$

V représente le carré du volume du parallélipipède construit suivant les trois nouveaux axes oy_1, oy_2, oy_3 avec des longueurs égales à l'unité.

145. *Application.* Si les trois nouveaux axes sont trois diamètres conjugués, on devra avoir

$$b_{12} = b_{13} = b_{23} = 0,$$

et l'équation (2) aura la forme

$$b_{11} y_1^2 + b_{22} y_2^2 + b_{33} y_3^2 = h.$$

Si l'on désigne par a', b', c' les longueurs des trois diamètres conjugués, on aura

$$(6) \qquad b_{11} = \frac{h}{a'^2}, \qquad b_{22} = \frac{h}{b'^2}, \qquad b_{33} = \frac{h}{c'^2}.$$

Dans cette hypothèse, les relations (I), (II), (III) deviennent

$$(\text{I } bis) \qquad \frac{b_{11}\, b_{22}\, b_{33}}{V} = \frac{\delta}{A}:$$

$$(\text{II } bis) \qquad b_{12}\, b_{33} + b_{33}\, b_{11} + b_{11}\, b_{22} = \frac{B}{A} \cdot V,$$

$$(\text{III } bis) \quad b_{11}(1 - \beta_1^2) + b_{22}(1 - \beta_2^2) + b_{33}(1 - \beta_3^2) = \frac{C}{A} \cdot V.$$

En introduisant les valeurs (6) et remarquant que $a'^2 b'^2 c'^2 V$ est le carré du volume du parallélipipède construit suivant les axes y_1, y_2, y_3 avec des longueurs respectivement égales à a', b', c'. on déduira des relations qui précèdent :

$$1^{\circ}. \qquad a'^2 b'^2 c'^2 V = \frac{A\, h^3}{\delta} = -\frac{A\, \Delta^3}{\delta^3} = a^2 b^2 c^2,$$

$$2^{\circ}. \qquad a'^2 + b'^2 + c'^2 = \frac{B\, h}{\delta} = -\frac{B\, \Delta}{\delta^2} = a^2 + b^2 + c^2,$$

$$3^{\circ}. \quad \left[a' b' \sin\left(\widehat{a', b'}\right) \right]^2 + \left[a' c' \sin\left(\widehat{a', c'}\right) \right]^2 + \left[b' c' \sin\left(\widehat{b', c'}\right) \right]^2$$
$$= \frac{C\, h^2}{\delta} = \frac{C\, \Delta^2}{\delta^3} = a^2 b^2 + a^2 c^2 + b^2 c^2,$$

a, b, c désignent les axes de la surface.

C'est-à-dire en langage ordinaire :

1°. *Le volume du parallélipipède construit sur trois diamètres conjugués quelconques est constant et égal au volume du parallélipipède rectangle construit sur les trois axes.*

2°. *La somme des carrés de trois diamètres conjugués est constante et égale à la somme des carrés des axes.*

3°. *La somme des carrés des surfaces des parallélogrammes construits sur les trois diamètres conjugués est constante et égale à la somme des carrés des rectangles construits sur les axes.*

La démonstration que je présente ici donne, en même temps, les expressions de ces constantes en fonction des coefficients de l'équation générale et des angles des axes auxquels la surface est rapportée; résultat qu'on n'obtiendrait que difficilement par les méthodes actuellement connues.

146. La relation (III) conduit immédiatement à cet autre théorème aussi connu :

La somme des carrés des inverses de trois diamètres rectangulaires quelconques est constante.

Il suffit d'y introduire l'hypothèse

$$\beta_1 = \beta_2 = \beta_3 = 0,$$

et on trouve, en désignant par a_1, a_2, a_3 les longueurs respectives de trois diamètres rectangulaires :

$$\frac{1}{a_1^2} + \frac{1}{a_2^2} + \frac{1}{a_3^2} = \frac{C}{A h} = -\frac{C \delta}{A \Delta} = \frac{1}{a^2} + \frac{1}{b^2} + \frac{1}{c^2}.$$

FIN.

PARIS. — IMPRIMERIE DE MALLET-BACHELIER,
rue de Seine-Saint Germain, 10, près l'Institut.

DE

L'ANALYSE INFINITÉSIMALE

ÉTUDE

SUR LA

MÉTAPHYSIQUE DU HAUT CALCUL

AVEC FIGURES INTERCALÉES DANS LE TEXTE

PAR

M. CHARLES DE FREYCINET

Ingénieur au Corps impérial des Mines.

UN VOLUME IN-8°. PRIX : **6** FRANCS.

(En envoyant à M. MALLET-BACHELIER un mandat de 6 fr. par la poste,
l'ouvrage sera adressé *franco* dans toute la France).

M. de Freycinet, dans son nouvel ouvrage, s'est placé au même
point de vue qui l'avait si bien inspiré dans son *Traité de mécanique rationnelle* : il a fait de la science philosophique. Il s'a-
dresse aujourd'hui à la même classe de lecteurs et poursuit le
même résultat : faire comprendre l'esprit d'une importante
branche des mathématiques.

Une première étude de l'Analyse infinitésimale laisse ordinairement beaucoup d'incertitude et d'obscurité. On ne pénètre pas immédiatement la métaphysique de cette science, et l'on ne se rend pas compte de ce qui assure la rigueur des résultats à travers l'apparente inexactitude des procédés. L'emploi des *infiniment petits* ou de quantités auxiliaires d'une petitesse indéterminée est bien propre à faire naître une impression vague et incertaine. Aussi peu de personnes se sentent-elles encouragées à cultiver une science où elles croient voir une série d'artifices particuliers beaucoup plutôt que des méthodes vraiment générales.

M. de Freycinet a entrepris de combattre cette fâcheuse disposition, et, selon le vœu qu'il exprime à la fin de sa préface, de ramener vers les études infinitésimales les esprits que leurs débuts en auraient éloignés.

La première partie de son livre, intitulée *Notions fondamentales*, est une discussion approfondie des bases de l'Analyse. On y retrouve cette clarté et cette élégance de style qui ont tant contribué au succès de la *Mécanique rationnelle*. Les notions de *variable, de limite, d'infiniment petit*, etc., y sont étudiées avec tous les développements que mérite un sujet aussi important. Les caractères de l'Analyse y sont nettement accusés, et les motifs de sa division en *Calcul* proprement dit et en *Méthode* en découlent naturellement.

Le Calcul infinitésimal, comprenant l'ensemble des procédés algébriques, connus sous le nom de *différentiation, d'intégration, de théorie des équations différentielles*, etc., fait le sujet de la seconde partie. L'auteur s'est surtout attaché à faire saisir l'esprit des deux opérations fondamentales et vraiment caractéristiques, à savoir la différentiation et l'intégration.

La Méthode, ou l'art d'appliquer le Calcul à la solution des divers problèmes, occupe la troisième partie. C'est là que se présente l'examen des difficultés métaphysiques que fait naître l'emploi de l'Analyse. Pour les mieux résoudre, l'auteur les a étudiées sur quelques-unes des questions les plus usuelles exposées dans les Traités didactiques. Il a mis en évidence les principes sur lesquels on s'appuie tacitement dans le cours des opérations, et qui expliquent les transformations en apparence arbitraires qu'on fait subir aux quantités. Chaque simplification a sa raison d'être, et tout se ramène à un petit nombre de théorèmes généraux, démontrés d'une manière aussi simple que rigoureuse.

Les dernières pages sont consacrées à la discussion philosophique des systèmes mis en usage à diverses époques pour éclairer ou pour suppléer les conceptions infinitésimales. La méthode dite des limites, celle de Lagrange, les considérations de Carnot y trouvent leur place naturelle. Le lecteur peut ainsi, en quelques pages, prendre connaissance des faits principaux qui ont marqué l'histoire de l'Analyse transcendante.

DU MÊME AUTEUR.

—

TRAITÉ DE MÉCANIQUE RATIONNELLE

Comprenant la statique comme cas particulier de la mécanique

AVEC FIGURES INTERCALÉES DANS LE TEXTE

DEUX VOLUMES IN-8°. PRIX : 14 FRANCS.

DE

L'ANALYSE INFINITÉSIMALE

ÉTUDE

SUR LA

MÉTAPHYSIQUE DU HAUT CALCUL

AVEC FIGURES INTERCALÉES DANS LE TEXTE

PAR

M. CHARLES DE FREYCINET

Ingénieur au Corps impérial des Mines.

UN VOLUME IN-8°. PRIX : **6** FRANCS.

(En envoyant à M. MALLET-BACHELIER un mandat de 6 fr. par la poste, l'ouvrage sera adressé *franco* dans toute la France).

M. de Freycinet, dans son nouvel ouvrage, s'est placé au même point de vue qui l'avait si bien inspiré dans son *Traité de mécanique rationnelle :* il a fait de la science philosophique. Il s'adresse aujourd'hui à la même classe de lecteurs et poursuit le même résultat : faire comprendre l'esprit d'une importante branche des mathématiques.

Une première étude de l'Analyse infinitésimale laisse ordinairement beaucoup d'incertitude et d'obscurité. On ne pénètre pas immédiatement la métaphysique de cette science, et l'on ne se rend pas compte de ce qui assure la rigueur des résultats à travers l'apparente inexactitude des procédés. L'emploi des *infiniment petits* ou de quantités auxiliaires d'une petitesse indéterminée est bien propre à faire naître une impression vague et incertaine. Aussi peu de personnes se sentent-elles encouragées à cultiver une science où elles croient voir une série d'artifices particuliers beaucoup plutôt que des méthodes vraiment générales.

M. de Freycinet a entrepris de combattre cette fâcheuse disposition, et, selon le vœu qu'il exprime à la fin de sa préface, de ramener vers les études infinitésimales les esprits que leurs débuts en auraient éloignés.

La première partie de son livre, intitulée *Notions fondamentales*, est une discussion approfondie des bases de l'Analyse. On y retrouve cette clarté et cette élégance de style qui ont tant contribué au succès de la *Mécanique rationnelle*. Les notions de *variable, de limite, d'infiniment petit*, etc., y sont étudiées avec tous les développements que mérite un sujet aussi important. Les caractères de l'Analyse y sont nettement accusés, et les motifs de sa division en *Calcul* proprement dit et en *Méthode* en découlent naturellement.

Le Calcul infinitésimal, comprenant l'ensemble des procédés algébriques, connus sous le nom de *différentiation, d'intégration, de théorie des équations différentielles*, etc., fait le sujet de la seconde partie. L'auteur s'est surtout attaché à faire saisir l'esprit des deux opérations fondamentales et vraiment caractéristiques, à savoir la différentiation et l'intégration.

La Méthode, ou l'art d'appliquer le Calcul à la solution des divers problèmes, occupe la troisième partie. C'est là que se présente l'examen des difficultés métaphysiques que fait naître l'emploi de l'Analyse. Pour les mieux résoudre, l'auteur les a étudiées sur quelques-unes des questions les plus usuelles exposées dans les Traités didactiques. Il a mis en évidence les principes sur lesquels on s'appuie tacitement dans le cours des opérations, et qui expliquent les transformations en apparence arbitraires qu'on fait subir aux quantités. Chaque simplification a sa raison d'être, et tout se ramène à un petit nombre de théorèmes généraux, démontrés d'une manière aussi simple que rigoureuse.

Les dernières pages sont consacrées à la discussion philosophique des systèmes mis en usage à diverses époques pour éclairer ou pour suppléer les conceptions infinitésimales. La méthode dite des limites, celle de Lagrange, les considérations de Carnot y trouvent leur place naturelle. Le lecteur peut ainsi, en quelques pages, prendre connaissance des faits principaux qui ont marqué l'histoire de l'Analyse transcendante.

TRAITÉ DE MÉCANIQUE RATIONNELLE

Comprenant la statique comme cas particulier de la mécanique

AVEC FIGURES INTERCALÉES DANS LE TEXTE

DEUX VOLUMES IN-8°. PRIX : 14 FRANCS.